U0288873

海洋之歌

一个博物学者的发现之旅

〔英〕菲利普·霍尔◎著
Philip Hoare

纪平平　张　慧◎译

海峡出版发行集团
THE STRAITS PUBLISHING & DISTRIBUTING GROUP
｜鹭江出版社
LUJIANG PUBLISHING HOUSE

2017年·厦门

图书在版编目（ＣＩＰ）数据

海洋之歌 : 一个博物学者的发现之旅 / （英）菲利普·霍尔著 ; 纪平平，张慧译 . — 厦门：鹭江出版社，2017.6
ISBN 978-7-5459-1263-0

Ⅰ . ①海… Ⅱ . ①菲… ②纪… ③张… Ⅲ . ①海洋一普及读物 Ⅳ . ① P7-49

中国版本图书馆 CIP 数据核字（2017）第 100292 号

THE SEA INSIDE By PHILIP HOARE

Copyright:©2013 BY PHILIP HOARE
This edition arranged with AITKEN ALEXANDER ASSOCIATES
through BIG APPLE AGENCY, INC., LABUAN, MALAYSIA.
Simplified Chinese edition copyright:
2018 Beijing Taofen Book Co. Ltd
All rights reserved

出版统筹：雷　戎	策划编辑：王丽婧	特约编辑：倪笑霞
责任编辑：纪平平	营销编辑：范存榜　赵　娜	
责任印制：孙　明	装帧设计：金　刚	

HAIYANG ZHIGE：YIGE BOWU XUEZHE DE FAXIANZHILV
海洋之歌：一个博物学者的发现之旅

[英]菲利普·霍尔　著
纪平平　张慧　译

出版发行：海峡出版发行集团
　　　　　鹭 江 出 版 社

地　　址：厦门市湖明路 22 号		邮政编码：361004	
印　　刷：北京市十月印刷有限公司			
地　　址：北京市通州区马驹桥北门口民族工业园 9 号		邮政编码：101102	
开　　本：710mm×1000mm　1/16			
插　　页：2			
印　　张：18.5			
字　　数：220 千字			
版　　次：2017 年 6 月第 1 版　2017 年 6 月第 1 次印刷			
书　　号：ISBN 978-7-5459-1263-0			
定　　价：42.00 元			

如发现印装质量问题，请寄承印厂调换。

目 录
Contents

尽管如此，

我的心超越疆界，

我的思绪跨越海洋，

漫游于鲸鱼之乡，

向远处行至地球的边境……

《航海者》，盎格鲁-撒克逊古诗

第一章
近郊之海

在白金汉郡住了这么多年之后，

我可以心满意足地离开了。

我想，

这就是家的意义。

如果无处漂泊，

远航也就不会令人激动了。

——T.H. 怀特，《吾身属英格兰》，1936年

在我归来后的许多年里，这所房子已经成了我的一部分。即便它正土崩瓦解，仍承载了我太多的回忆。在树木掩映下，藤蔓缠绕中，它俨然已经成了一方与世隔绝的天地。从卧室的窗子向外望去，折断的柳枝垂在车库的屋顶上，一只乌鸫正在那儿踱着步子。下面有一个池塘，淙淙的流水中，一群蝌蚪漫无目的地游来游去。

生活日复一日，从未改变。每天我都按时出门，按时工作，按时吃饭睡觉。我谨遵日程表行事，生怕又回到以前那段漂泊不定的日子。一到夜晚，混乱的梦境扰乱了这种强加于己的状态，我像自由落体一般坠落，直到清晨才恢复如常。

我被窗外的寒意唤醒，黑夜沉沉。听着冗长的天气预报，任其领着我走向海岸。

多格滩，费舍尔湾，德国湾，亨伯河，泰晤士河，多佛港，怀特岛，波特兰岛，普利茅斯港，比斯开湾，菲茨罗伊湾，兰迪岛，法斯特耐特岩，爱尔兰海，罗卡尔岛，马林角，贝利岛，费尔岛。

这些地方我可能永远也不会涉足，但这些地名亲切的韵律却总能使我安心。虽地处遥远，却奇异地带来抚慰。

浪高较低，不明显，天气大部晴好，落潮缓慢，西部天气以晴为主，东部偶有恶劣天气，整体而言天气温和。

我留心着风向的变化——不是为了划船，而是因为我在骑车。我往南骑行，北风带来阵阵寒意，却让我骑得更快了。看来，回去时就要逆风了。西南风起了，意味着我得赶快回家，风把我的衣服吹得鼓胀着，好似张起的帆。我隔着窗帘往外看，眼前一片阴暗，长夜就快来临了。

风力三级以下，部分地区有雾，后逐渐变晴。

我在屋外呼吸着晨夜交替时的空气，这种天气有时是怡人而令人满怀希望的，有时则是拒人千里的。我解开车库门上老旧的黄铜挂锁，推出自行车，触摸着缰绳般的缆锁。

我在老路上骑行了那么长时间，自行车好似自己就认得路了。它的轮子能识别柏油路上每一道裂痕、每一段破损的白色标线、每一处坑洼。我匆匆驶过，将一栋栋房舍抛在了身后。我骑得很快，我母亲也总是步履匆匆，似乎总在追赶。仿佛只要我的速度足够快，别人就看不见我了。

现在是十二月，在清晨的寒冷取代夜晚的温暖之前，天空还不十分明亮。我与自行车配合默契。绿灯亮了，却没有汽车经过，我径直闯过红灯。街道氤氲在街灯的光线中，一片模糊。我沿着白色标线骑行，展开双臂，再次上路。

很快，穿过郊区外延，从陆地来到海边。自行车在鹅卵石路上嘎吱作响。我沿着早先游客们留下的车辙，将自行车停在指定地点。我把自行车斜靠在海堤旁，俯低身子爬了上去，一副永不回头的样子。

海水湛蓝如洗，令人惊异。很多鱼跃出水面，仿佛是从云端坠落一样。在光线的召唤下，水底万物随着大海的节奏缓缓冲破水面。大海仿佛溢出浴缸一样满涨。我冲破几乎静止的直立潮头，双手划出水面仅有的涟漪。

我大胆向远处游去。顺着海浪的推力，我迅速曲体转身，游回岸边。我挣扎着从海里出来，皮肤红红的，身上冒着蒸汽，像一条落水狗。膝盖上的疤呈青紫色，白色的T恤衫在朦胧的光线中发着蓝光。

太阳尚未升起，群鸟已清晰可见，阵阵鸟鸣划破黎明前的长空。这是既非黑暗又非光明的幽冥，超越了时间的长河。《流浪者》（*The Wanderer*）的作者——一位盎格鲁-撒克逊佚名诗人曾经形容这种时刻为"黎明之前"。当时，他正进行冬季旅行，看到"海鸟在水里嬉戏，伸展着双翼"。

这一刻倏忽即逝。初升的太阳照在枝头，如月光般苍白暗淡。清晨来临了。尽管身体疲倦，但精神振奋——黎明即起的征程好像是在一天中额外偷出的时光。这也算是有奖有罚吧。我找不到手套了，于是把一只手插到口袋里，又把另一只也插进口袋。一群大雁低飞略过泥淖。麻鹬用曲喙打着呼哨，"咕呖咕呖"地叫唤着。海鸥也在喧嚣。

云层堆叠，显现出淡紫、深紫、藏青、棕色、褐色和灰白色。我被寒冷裹挟着，几近麻木。在时明时暗的光线中，我能闻到海岸边飘来的凛冽的气息和细雨将至的味道，鸟鸣声渐强，奏响开启一天的交响乐。码头已经传来轰鸣，一艘灯火通明的班轮逆流驶向港湾，船上坐满了乘客，却一片静谧。远远望去，美妙如画。

夜色消退了。我追着船全速跑向港口，惊起了淡水塘里一只孤零零的野鸭，它愤怒地大叫。这座水塘位于河流的入海口，满覆着荒芜的荆棘。在树林中的某处，一只啄木鸟正在啄叩树干。白昼取代了黎明，空虚很快被日常事务填满。我终于可以看清自己的双手了。在这最终的时刻，一切似乎都静止了。尽管"黎明之前"的表演暂时告一段落，但它很快就会重新开始。

这片海滩其实是缓慢移动的河口留下的痕迹，更是由两条交汇的河流孕育而成的一片水域的尽头。其中一条河经过白垩丘陵流向东北方，流经水田芥丛，里面满是溯游的鳟鱼。河床缓缓拓宽，不复最初的形貌，直到位于城市半工业区末端的人工海湾为止。河滩堆积着锈蚀的汽车，形形色色的垃圾四散，由潮汐周而复始冲到河岸上。在这里，来自遥远城市的另一条河流过芦苇沼泽，至码头逐渐拓宽开来。这是一片禁地。巨型起重机像涉水的鸟一样昂首阔步。崭新的汽车开启一段旅程，最终在同样的城市和同样的垃圾场走向末路。无论如何，在某个地方，这一切都会在海潮和鹅卵石的交汇处被人遗忘，又奇迹般地不断更新。

大海塑造、连接着我们，也将我们彼此分隔。我们大多数人只触及它的边界，在拥挤的海岛偏安一隅。尽管海滨城镇的空气腥臭难闻，人们仍称其为"度假胜地"。大海似乎是永恒的，又永远在变化。有一天，海岸会被冲洗干净，接着又会被杂草覆盖；卵石滩也会起起落落。永恒的更新与毁灭，大海既是起始又是终点。它给我们这个内陆国提供了另一种选择，给我们的无拘无束设定边界。

依我看来，这里不配称为海滩，但这个评价有失公允，因为它自有其魅力。淡季时，除了遛狗的和钓鱼的，几乎没什么人来。它位于浅湾的尽头，也就是城市东南边沿。我沿着海滨的水泥遮阳棚走过去，后面有一块公共用地，拴着五六匹马。公共用地后面矗立着一幢战后的居民楼，楼里四分之一的人都极度贫困。

居民楼前方，有条小路穿过树丛，径直通向海滩。海滩上有一道齐腰高的堤坝。堤坝上有一个仅容一人的狭窄平台。近陆有一丛荒草和一条林荫道，道两边栽种着橡树与松树，树身弯曲，满布木瘤。这条古老车道通向一座都铎王朝时期的堡垒和一座西多会修道院，建筑庄严宏伟，无与伦比，曾经雄踞于整个河口东岸之上；而今，修道院已残破坍塌，四周是簇簇矮小的树丛和污浊的水塘，从修道院抢来石材建造的堡垒已变成一座宏伟的维多利亚式建筑。最近，人们在这座堡垒旁加盖了一座，建成价格不菲的公寓。

这片区域属于现代世界，历史的遗迹不复存在。在西南强风的吹拂下变得弯曲的光秃秃的树木，朽烂的木屋，侵蚀的堤坝——尽管城市历历在目，冬日午后的这片区域仍然阴森可怖。游艇俱乐部的船只停靠在海堤旁的围栏里，无人认领。微风吹拂着铝桅杆上的尼龙绳，发出嘎嘎声。

沿着海岸再往下走，经过一些小商铺和沿斜坡建造的房屋后，映入眼帘的是一座乡村公园。这里曾经是一所大型军医院，一个多世纪以来都很繁荣，但现在也已经被毁坏殆尽，变成了草场的一部分，中心区的轮廓和露出树林的礼拜堂拱顶隐隐可见。终有一天，那些遮挡住海岸的高楼也会变成浪漫的废墟，一片宏大的遗迹。

如果天气不错，我会骑着自行车穿过公园去远处的海滩。这片海滩掩映在圣栎树丛中，这里遍地碎石，悬崖上长满金雀花和凤尾草，英格兰南部的大地在这里缓缓倾斜入海。我骑着车，道路正好与河对岸树林的方向平行。我与紫色的石楠花之间大约只隔着三英里，但这是一道分水岭。隔开我们的不仅仅是水域，还有那些矗立在对岸并俯瞰着整个海岸线的建筑物——这是一套三位一体的新工业化设施：炼油厂、化工厂和发电站。

在不断变幻的光线中，这一群模糊不清的建筑可能是任何东西。细细的尖顶像一个礼拜堂；圆形容器像巨大的拱顶，容器上锈蚀的条纹呈浅绿色；筒形仓库如同刚登陆的宇宙飞船；三角台架仿佛正准备发射秘密导弹。在清晨与黄昏忽明忽暗的光线中，整个地区就像是曼哈顿岛的军事基地，一片钢铁森林，每日循环往复，从港口横空出世。这座石油之城已在此耸立了半个多世纪，却全无人间烟火，有种奇怪的"临时"感。这些设施可以在一天之内拆除完毕，运到世界另一端的港口。拆卸它是功利主义行为，全然不顾对周围环境的影响。它的存在只有一个功能：生产出更多的能源。这一切残酷、实用，却又不可避免。

与附近其他码头一样，这个巨大的综合体非公勿入，有两千多人在此工作。我叔叔在肯尼亚参战服役后，也曾在这里工作过。然而我不知道他做些什么，就像我不知道1943年他在中非做过什么一样。除了他穿着卡其色短裤、戴着遮阳帽的照片，以及家人发给他的、被小心保存在皇家海军烟罐里的无线电报之外，我对他的事情几乎一无所知。

我和这片土地共同生长，土地的年龄只比我略大。我不记得高塔建起来以前的海岸是什么样子的，这些高楼印刻在我对海岸的印象中。有时，高塔的管道像巨大的本生灯一样喷涌着，仿佛一个巨型实验，又像是在纪念某个无名战士。1951年，高塔首次点火，庆祝一个能源、工业、权力和毁灭的时代。它们的用处就是燃烧"多余的气体"，然而，当橙红色的火舌吞噬天空的时候，它们也可能会像地球深处剧烈的熔岩一样毁灭一切，而不只是燃烧原油。五个足有一英里长的输送口一字排开，像一群等待挤奶的奶牛一样，它们将油泵上油轮，船桥上挂着标语："禁止吸烟，保护环境！"

为了保证每天三十万桶油的定额，福利村^①每天抽取三十万吨海水，声称排出的水会比原先更清澈。（事实上，很多生物也被抽进来了：鱼卡在滤网上不久便死了；小鱼苗则像进入洗衣机一样，被吸进工厂的循环设备里。这个过程中很少有鱼能够存活下来。）

甚至，就连"精炼厂"这个词本身也带有欺骗性，因为其生产的终端产品排放时产生的效果与"精炼"正好相反。尽管这里宣称绝对安全，居民却明白：当紧急事件发生时，他们会被疏散到当地的军营里，就像1961年特里斯坦-达库尼亚群岛（Tristan da Cunha）上火山喷发时岛上的居民从家里疏散一样。尽管处在附近发电站的阴影下，特里斯坦-达库尼亚群岛上居民的后代至今仍生活在这里。这座发电站像极了一艘巨型邮轮，其混凝土垫层上的圆柱形烟囱也已经褪成了淡蓝色。发电站象征着河口的结束和海洋的开始。在它后面，是怀特岛^②迷人的海岸线、田野和草地。冬日，树叶稀疏，透过窗户，能看见整座怀特岛。岛上成对的

① 福利村（Fawley）是英格兰汉普郡的一个村落和地方行政区，位于新森林国家公园（New Forest），索伦特海峡西海岸。英国最大的炼油厂——埃克森美孚公司福利炼油厂就坐落于此村庄。

② 怀特岛（Isle of Wight），英国南部岛屿，南临英吉利海峡，北临索伦特海峡。怀特岛是著名的旅游胜地，文化悠久，有不少青铜时期遗迹，它也是欧洲化石资源最丰富的地方之一。

红点像机翼上的着陆灯一样闪闪发光，突然拉近了我与海洋之间的距离。

如果抛开工业设施和层层历史遗迹不谈，这里只是一处毫无吸引力的普通景点。开车经过的话容易错过，什么也看不到。很多人就是这样。没人写过关于这片海岸的任何文字，没有一个异乡人熟悉此地。即便是当地人，要报道本地要闻也得绞尽脑汁。

我碰巧生活在这里。不是我选择了它，而是它选择了我。我找到了比别处更为生动的风景，这里胜过狂野浪漫的，或者城市中激动人心的景象，这里是人们向往的地方。港口城市的存在有赖于与其他地方的联系。也许，这就是我如此钟爱这里的原因，因为它不把任何东西强加于我。我回到这里，既是习惯使然，也是命运所系，就像鸟儿在无法辨认的海岸之间往返迁徙。

你自以为熟悉家乡，只有回去的时候，才会发觉它已经如此陌生。五十年前，我第一次看到这片海滩，这么多年过去了，这里的一切对我而言已经相当陌生，我认为这是自然而然的。现如今，当我眺望这片广袤的区域，突然发觉——之前我认为自己是了解这里的，其实并非如此。

最早有历史记载在此定居的是罗马人——他们建造了克劳森塔姆港（Clausentum），即后来盎格鲁-撒克逊人的汉姆维克镇（Hamwic）。在古英语中，南安普敦（Southampton）即"南方的家乡"之意。我生活的地方叫作休灵（Sholing），这个地名在现代之前几乎不存在，其名源于"海滨陆地"（Shore Land）的缩写。紧邻它的奈特利（Netley），意为"湿木头"。直到十九世纪，它都是块公共用地，有一条罗马古道穿过这里，周围零星散布着坟墓和村舍。这是一块孤单怪异的土地，三面环绕着河流与海洋，与汉普郡其他地区分隔。部队在此训练，贫民窟式的棚屋在此搭建，供给铁路工人和不规则扩建的军事医院里的海员们居住。大概由于他们的出现，斯派克岛（Spike Island）才为人所知，旅行者和马贩等流动人口在此出没，让人联想到爱尔兰科克港（Cork Harbour）上的那个同名的罪犯流放地。这里石楠丛生，荒凉无比。在位于一角的博坦尼湾（Botany Bay），被驱逐出境的人聚集于此，与那些科克港的爱尔兰同伴一样，登船被送往世界尽头。

即使现在，南安普敦海滨东侧也是非常孤独荒凉的。行人只是路过，没有人愿意在此驻足。这里有可能发生的事情似乎都已经发生过了，浪潮、人群、动物，起始与重点，一切裹挟于其中，历史的暗流潜藏于此。

最近，我在苏格兰一处狭湾沿岸驻留多日之后飞回了家。北方引人入胜，浩瀚不朽，河流冲下花岗岩峡谷产生的雾霭像干冰一样，水流最后落入平静而深邃的海底；而另一边，群山耸峙，色彩缤纷，隐约有种压迫感。在墨西哥湾暖流和间接来自加勒比海的季风影响下，天空晦暗不明。在我飞回南方时，太阳冲破云层。飞机在南安普敦上空转弯斜飞，我感到自己在飚升。

在那短短的几分钟里，我看见过去和未来在我的身下铺展开来，好像照相机的暗箱。地平线消失了，景象飞速掠过眼前，先前的井然有序现在变成一片混沌。飞机的玻璃舷窗像棱镜分离光束一样过滤空气，眼前的景物变得雾蒙蒙一片。我好像是从船的一侧往外张望——甚至像是从潜水艇里往外看。

我的房子在飞机下面的某个地方，被树木和灌木掩映着。南面是大海，有一条宽宽的蓝绿色带，接界处是黄色的碎石滩。飞机在上空飞行，从这个角度，我却几乎认不出来自己如此熟悉的海滩了。飞机从森林上方折回，飞入码头中央，在像洗澡玩具一样排成一排的大型起重机和远洋班轮上空盘旋。泳池在阳光照耀下闪闪发光。随后，飞机飞过连接城市两岸的大桥，飞过四十多年前我第一次上学的地方。

午后的太阳更加明亮了，地面反着光，亮闪闪的，甚至废品收购站和里面已报废成一堆破铜烂铁的汽车似乎也有了吸引力，像成堆的铁屑一样熠熠生辉。尽管我只离开了几天，但看到眼前这一切，既使我异常高兴，也使我极度悲伤。我如此熟悉这里的街巷和海岸，它们就像是我身体延伸出来的某个部分。终于，飞机降落了。我们再次踏上了南国的土地。

这片近郊海域充满生机，宛如活物，变化不定又包容大度。一切都迎着光。某些潜在联系之前从未被人发现，将来也永远不会被人发觉：太阳在云层下隐身了；纯白的鹭鸟扑着翅膀，像一只飘忽的幽灵；一对白天鹅滑翔着飞向岸边。即使在那些最沉闷的日子，那些最孤独的下午，这里也依旧如此美丽。缓缓的碎浪似乎被雾霭压抑了，但我的每一种知觉都有所增强。透过水面，可以闻到森林的气息。由于没有建筑物的回音，声音听起来有些异样，它在地表传播开来，浸润着回归大海。

棕头鸥高飞，看上去只是一些小点，它们的头和翅膀溅湿了。模糊的影子飘过。一切都连在一起，陷入一个亦梦亦幻的环。水底的阴影掠过杂草和锈蚀的排水口。一艘孤帆在海面上平静地航行，渐行渐远，直至变成一个白点。一群乌鸦在黑夜中乱飞。深绿色、棕色的草和树叶让颜色意外地平衡了；暴雨来临前，红色和绿色显得怪异而生动。这时，气压似乎影响了光线。

潮汐的起落是我的钟表。低潮时，海滩由于退潮形成了一片裸露、粗糙的广阔区域；与大海相比，这里更像是一块农田，一块冲积平原，堆满了泥炭和沉积物，泥泞不堪。

挖鱼饵的人离开后，留下的土堆就像是一座座倒塌的沙堡。这些海岸附近的教堂司事手持吊桶和铁锹，挖掘，掩埋。他们面前有一个"X"形状的排水口标记，已经变成了十字形。在模糊不清的光线下，泥土呈现出了新的色泽，从黑色到灰褐色，甚至银白色。

如我所说，这里永远是那么的美丽。

在我身后，光秃秃的橡树和山毛榉树高高矗立，仿佛劈向天空，唤起一派英格兰独有的田园风光。十八世纪末，威廉·特纳（William Turner）在素描本里描绘了修道院的废墟，勾勒出摇摇欲坠的哥特式拱门及四周树木的轮廓。1816年，约翰·康斯特布尔（John Constable）在奈特利度蜜月时，描画出掠过的云朵和疯长的植被。他们的作品是浪漫主义时期的记录，又是一种知觉和情感的真实。这些多瘤的、表面光润的枝条笼罩着海岸，大海和明亮的碎石滩反光衬得它更加暗淡了。眼前的景物在我的近视眼看来，朦胧如同特纳作品中描绘的空白，那些模糊的形体，可能是海浪、鲸鱼或奴隶，在船上和大海的泡沫中上下颠簸，就像《白鲸》①中伊希梅尔所说："一种不可名状、不可获知、不可想象的崇高强烈地冻结了你，直到你为了找出眼前这幅不可思议的油画真正的意味所在，而身不由己地发誓。"

永恒的大海和天空最有欺骗性。在那上面，是赫尔曼·梅尔维尔所说的海洋的皮肤——一片十六分之一毫米厚的透明薄膜，它富含微粒、微生物和污染物，是一个极其脆弱而广袤的部分。当我们试图理解"无

① 《白鲸》（*Moby Dick*）是美国作家赫尔曼·梅尔维尔（Herman Melville，1819—1891）于1851年创作的著名小说。小说描写了亚哈船长追踪一头名叫莫比迪克的白鲸，最终与之同归于尽的故事。

限"并在其中给自己定位时，视野只是我们眼睛和脑海中的产物。大海让我们产生这样的幻觉：云层笼罩着大海，海天一色；大海包容一切。人们曾怀疑：太阳沉入海底，如同月亮从海中升起。

　　艺术家们很少会来这里看日落月升。画家几乎不来奈特利的海滩，特纳和康斯特布尔离开后不久，这片海岸上建了炼油厂，奏响了石油化工罗曼斯。最奇怪的就是这片集中工厂区竟然没什么噪音，至少隔开一段距离是听不到的，这个地区既纯真又邪恶，偶尔发出一两声迟钝模糊的轰鸣，好像一个巨人从梦中惊醒。

在这块土地上，生机和死寂并存。每天早晚，这里阴冷而封闭。此时站在水里，我深切感到自己成了这里的一部分。一只有冠饰的水鸟突然出现，追踪着浅滩中的猎物。当我游向它，它再次弓起脖子潜入水中，紧张不安地向前俯冲，然后消失不见。

鸟类有很多迷惑人的习性，你很难区分什么是真实的，什么是伪装的。例如，鸭子羽毛的样子与自然融为了一体，这使它们在海天之间身形模糊。这激发了美国艺术家艾伯特·赛耶（Abbott Thayer）的灵感，他为一战时的士兵和船只设计了迷彩外观，在工业化战争中模拟自然环境。水鸟的斑纹衬着灰白色的海面，在我们看来颇为醒目，但是从下方望上去，它白色的脖颈和胸脯就很隐蔽了，能掩护它用锋如匕首的喙捕食。赛耶称之为"保护色"效应。鸟类、鲸鱼借助这种伪装，在阳光下看起来虚幻模糊。

直到水鸟浮出水面，我才发现有五六只在向着它们的冬季栖息地巡游。和这些鸟视角一致、平于水面时，我感到自己被接纳，或者起码被容忍了——在你看到任何一只鸟之前，它已经看见你很久了。我的距离太远，看不到水鸟血红的眼睛，但是即便隔了这样远的距离，仍能辨认出它炫目的羽毛——爱德华七世时，社交界流行用这种鸟的颈部羽毛做装饰。有时，水鸟父母为了防止鱼刺扎伤幼鸟的胃，也会从身上扯下羽毛喂食幼鸟。

潮水退了，群鸟毕集，像是有人铺好餐桌，召唤它们回去吃晚饭了。海鸥和大雁同蛎鹬一样，正在海岸线上忙碌着，颈上围着冬季的"白围巾"。它们是我最喜欢的鸟——亲切、顽强，永远望着大海的方向。

欧亚种蛎鹬的名字并非源自其美洲的近亲。它们主要以海岸上的蚌类和鸟蛤为食，最棒的工具就是它们坚硬的鸟喙，它一半像锤子，一半像凿子，能撬开最严实的双壳贝。鸟喙的颜色非常精美，从橙红到犀鸟黄各异，仿佛烧瓷一般，而且能够灵敏地感触。喙尖处遍布神经末梢，让鸟能够像眼睛所见一样感知猎物。这样，蛎鹬无论白昼黑夜都能搜寻猎物。它们持久地勘察沙滩，有时用嘴戳，有时用嘴啄，或"播种"，或"耕犁"，对不同猎物用不同的方法。它们甚至能在几天之内改变喙的形状，从撬开蚌类的"钝刀"变成切开虫子的"锋刃"——在所有的鸟中，它们的这种变化是速度最快的。

生死皆有赖于智慧，蛎鹬为了在环境中受益而不断演化。即使没有一千年，蛎鹬也已经在南安普敦海域存在几个世纪了：十六世纪港口最古老的房子石灰墙上就画着一只蛎鹬，那是一幅都铎王朝时期的涂鸦，当时这种动物已经为附近海岸居民所熟知。1758年，它列入蛎鹬类——有红色的脚趾且以牡蛎为食。但在不列颠岛，它被奉为美味，称为"咸肉饼"，南部某些地区的蛎鹬数量锐减，几近灭绝。而现代，蛎鹬被视为鸟蛤养殖基地的威胁：自1956年至1969年，仅在莫坎贝海湾（Morecambe Bay）一地，就有约一万六千只蛎鹬被射杀。

我的蛎鹬啊——原谅我这么说，好像我拥有你们似的——你们或许在这里觅食、暂留，却在比利时、挪威那样遥远的地方栖息。如果绕开

法国，蛎鹬就能更好地生存。因为法国的猎人为了消遣娱乐，每年都要猎杀两千多只蛎鹬，有时甚至能十倍于此。这种一夫一妻制的动物有着复杂的社会结构，它们可以活四十年甚至更久，是最长寿的涉水鸟。它们总是回到这里，这个让它们能感受到家的温暖的地方。在低空以"V"字形编队飞行时，它们唧唧的叫声回荡在水面上，翅膀上有白色的条纹；当在海潮线上专心觅食时，它们偶尔也会陷入愤怒的争吵当中。

我举起双筒望远镜侦察它们，它们也在侦察我，它们总用一只眼睛盯着陌生人。我正观察着，一群环颈鸻加入了它们的队列。这群易受惊的新来者同步绕圈飞行，又突然迂回，仿佛撞上了看不见的气流，随后一起灵巧地转向陆地。这时，一只海鸥飞起来，斜插入它们的飞行路线，把鸟群冲散了。环颈鸻加速扇动翅膀，向背面飞去。突然，它们着陆了，利用身体的伪装色与泥土混在了一起。

鸻鸟虽然胆小，但遇到经常在此驻足的乌鸦时却表现得很淡定。乌鸦仿佛停车场里一片舞动的黑幕，它们是糟糕的清洁工，用一整晚把垃圾箱清空，在柏油马路上留下满地觅食的犯罪证据。它们搜查飘动的炸鱼薯条包装纸，眼睛不时转向别处，好像在说："这不是我们干的。"尽管我从书上得知，乌鸦是独居动物，但两百多只聚在这里，俨然是一个庞大的流动鸟群。也许，它们通过进化已习惯了水边栖息，就像海鸥有时

会飞进内陆的垃圾场和购物区一样。

另类的通信系统在此运作，这是一场由动作交织而成的交响乐演出。时常，群鸦一拨接一拨地飞起，在天空中组成一个个环，但这些环没有色泽，缺乏细节，颤动中有种虚无一样的漆黑。泰德·休斯[①]曾用乌鸦创造了新的神话，他认为乌鸦既承受一切，又从不损毁。由于乌鸦的恶名，我们控诉它们的集会是"凶杀的征兆"，然而，乌鸦以葬礼的形式祭奠其死去的一员，鸟啼中的哀戚与大象、鲸鱼的悼念如出一辙。

这些被漠视的鸟儿——它们随处可见，反而更容易被忽视——却展现出引人注目的家庭习性。宽肩的雄鸦轮换着双腿，趾高气扬地走路。它们用黑如乌木的鸟喙啄击石头，比涉水鸟和海鸥还要灵敏得多。雄鸟雌鸟都一样捕食，有种镇定自如的气质，尽管它们其实几乎什么都吃。如果你停下来盯着它们看，它们就会表现出很惊讶的样子，仿佛之前从没有人打扰过它们。它们反而短暂地盯着你，十分不安，然后转过身，好像难以相信除它们自己之外，任何人会对它们感兴趣。那样的斜视也许带有某种轻蔑的骄傲，倘若转念一想，它们其实是所有鸟类中最有智慧的。

事实的确如此。猛禽更为威严，鸣禽歌声更为甜美，涉水鸟更为优雅和泰然自若，但鸦类，例如乌鸦和渡鸦，在智力方面超过前面所有鸟类。

你可以从它们的肢体语言中看到这一点，它们古怪不安的步态中充满个性，每只乌鸦都独一无二。它们眼神闪烁，头好奇地转着，始终警惕着周围发生的一切。它们大胆、焦躁、羞怯，领地意识很强，它们焦

---

① 泰德·休斯（Ted Hughes，1930—1998），英国诗人和儿童文学作家。1984年被授予英国桂冠诗人称号。他的诗集有《雨中鹰》《乌鸦》等，一生共计出版了九十多部作品。

躁不安的动作表明，它们的头脑里总在思考着什么。不管是独个儿还是成群，它们对每个声响和动作都做出反应。它们总是知道其他同类正在做什么：打斗、修整羽毛、竞争、协作，它们总爱管闲事，估量着自己能否胜出。如果两只乌鸦发生打斗，其他的乌鸦会从树上俯冲下来，静观事态发展，就像操场上两个孩子打架，其他孩子会大喊"打他！打他！打他！"它们就是爱管闲事又适应集体生活的鸟类。

对人类来说，乌鸦非常狡猾，当我们怀疑其他物种有智慧时常会这样想（我在调查笔录中记下这个，就像是要逮捕一只鸟类年轻罪犯一样）。我们以为，乌鸦是一个流浪的、另类的团体，一个有着自己蛮荒领地的神秘种族。同所有动物一样，它们生活在边缘地带，尽管和我们人类生活在同一片土地，它们却栖息在另一个时空。它们甚至有自己的语言，与人类讲话方式相似：圈养的乌鸦能被教会说人话，并不比鹦鹉差。由此，人们认为它们是逝者灵魂的摆渡人。它们会结成松散的群体一起行动，飞出森林，来到海岸边，仿佛寺院解散后逐出的一群僧侣。没人真正知道它们做什么，也不知道它们想什么。也许，它们只是因食物和性所驱使而随意地聚合。但随即你可能会说，我们人类也是如此。人类也是一个物种，我们忍不住在其他动物身上看到自己的缺点，这几乎就是种移情作用，对此我与任何人一样。

当潮水退至很远之后，乌鸦会俯冲下来抓起贝类，飞到高空，从完美的预估高度把贝类摔到石头上。同时，它们始终注视着同伴们的一举一动，随时准备偷袭同伴或者路过的松鼠。它们是好辩、惯偷、恃强凌弱的群体，永远在寻找对方的疏漏。它们在空中争斗，会二对一翻滚扭打在一起，为争一只蚌而跌进烂泥，行将败阵的乌鸦仰面朝天躺在泥里，瞪着眼睛，双爪采取防御姿势，下定决心不放开来之不易的双壳贝。然而，这场才刚开始的争斗瞬间就结束了。片刻之后，还是这两只乌鸦昂首阔步地走在一起，看起来极为友好。

很多人都讨厌乌鸦，但我非常喜欢乌鸦。它们圆滑老练，浑身散发出耀眼的光芒；它们非常善于伪装，它们是来监视我们的老练的间谍。万一我死在这片沙滩上，为我收拾骨骸的也一定会是这些乌鸦。

甚至在这片无名水域，也进行着殖民活动。侵略者一年一度到达这里，同时大批人离岛去往别处。现在，黑雁要从西伯利亚飞到这儿，全球百分之十的黑雁要到这片海岸过冬。对它们来说，南安普敦海域就像是一个巨型的跑道。它们是长途飞行员，六周内能飞三千英里；为了胜任这段旅途，它们有壮实的身体、强壮的脖颈和灵巧的黑色头颅。当它们择期安顿下来时，我能听见悠扬的雁鸣声，简短而富有颤音，就像是极简主义歌剧的合唱。甚至它们的名字也有北方的气质："布伦特"一词在斯堪的纳维亚语中意为"燃烧"。潮起潮落间，它们会像小船一样乘着浪头躲进涌浪，加入鲱鱼和棕头鸥的行列。能存活下来就很了不起，要知道每年这个时候空气比海水还要冷。

这些来自不同国家的鸟，恒定如常，又时有变化，不惹人注目，形态优美，只在觅食时才团结在一起。我必须提醒自己，它们来到这儿并不是来供我欣赏的。它们之所以选择这片海岸，是因为这里是富饶的栖息地。森林后面的碎石滩渗出一条淡水溪，溪水全部流入大海前，贮在池中略微变咸，其中的营养物养育了这些鸟类。

黑雁总在等待着潮水退去，而我却总在等待着潮水到来。对它们来说，时间溜走得更快，因为它们的一天相当于我的一月；我这一生，它们要活过十世——但它们已经在这儿生活了许多代了。这里就是它们的庇护所。尽管挖鱼饵的人打扰它们觅食，重金属和有机氯杀虫剂污染了它们的食物，威胁了它们的繁育，它们在这里仍是安全的。它们一如既往地依赖这些沼泽地，这些北方的生灵，像我一样非常恋家。在简·奥斯汀（Jane Austen）来参观修道院废墟和罗马人挖掘河流建造殖民地之前，它们就已经来到这里了。

我们应该关注鸟类，正如卡斯帕·亨德森①所言："关注鸟类，就是关注生命本身。"它们总在我们周围，我们的行为就反映出它们的行为。就人类来说，这是一个迁徙和移民的地方：大海还是河流的时候，部落就来到这儿；战后的"十英镑英国佬"②航行到澳大利亚，其中就有我的校友，而我们从此再也没见过面了；然后是菲律宾人、波兰人和孟加拉人，这些人成为城市最新的一批移民。

如果所有曾经航行至此的船舶都从如今已经过度捕捞的海峡起航，会出现什么情况？凯尔特人的圆舟、罗马人的大木船、维京人的长船、都铎王朝的驳船、维多利亚时代的商船、两次世界大战期间的班轮、二十一世纪的渡轮，所有这些船只会一起倾覆，就像保罗·纳什③的油画《死海》（*Totes Meer*）中描绘的那些废弃的战机。有时，打捞上来的渔船会吐出很多碎片，我就找到过战后军队带回来的锈蚀的左轮手枪，当时士兵们不准携带纪念品，于是，他们就把这些纪念品随意丢弃在甲板上。两千年前，他们的凯尔特兄弟抛掷供品给海神，罗马百夫长们抛

---

① 卡斯帕·亨德森（Caspar Henderson），英国作家、记者。他曾为英国《金融时报》《独立报》《新科学家》等多家知名报刊撰稿。

② 十英镑英国佬（Ten-pounds Poms），澳洲俗语，指二战后通过澳大利亚政府建立的援助移民计划（Assisted Passage Migration Scheme）移民至澳的英国国民。当时人们需为去澳大利亚的通行证付十英镑。

③ 保罗·纳什（Paul Nash, 1889—1946），英国超现实主义画家、战地画家，也是一名摄影师、作家、应用艺术设计师。纳什是二十世纪上半叶最重要的景观艺术家之一，他对英国现代主义艺术的发展起到了至关重要的作用。

掷代币给掌管这片河口的安卡斯塔女神（Ancasta）。整个海洋考古学的世界都在这里，等待被后人发掘；陶器、武器、骸骨……所有旧世界的残留物都堆在了水下的垃圾堆中。

平静过后，一阵大浪突然涌来，仿佛一艘看不见的船疾驶而过，随之激起一波巨大的涟漪冲过岩石，与此同时，几千英里外翻滚的波浪拍击着海岸。大海独自玩着把戏。两个多小时后，随着大西洋的脉动，浪头平缓下来；不过我必须承认，海水的这种运动过程多少有点让我困惑。

如果我理解得没错，海浪从东向西移动，然后再移向东边，在月球引力的作用下像秋千一样来回摆荡，冲击着英吉利海峡。南安普敦位于英吉利海峡中部，潮水会反弹到河口。而当地复杂的地形加剧了这种作用。当海水从河口两侧涌入涌出时，怀特岛的阻挡进一步加剧震荡。这成了港口的一大特色。据一份十九世纪的记载，几个世纪以来，这种双潮现象对海上交通是一种福利，它使南安普敦成为"一个能够由内陆通向海洋，又免于海洋的灾难的地方"。而双潮的负面影响是留下了一块散布残骸、难以治理的泥滩。

这块地方有自己的规则。表演者各自登台又纷纷谢幕，从在泥滩上啄食的涉水禽，到缓慢驶入炼油厂等待抽取原油的油轮，再到背面装有涡轮叶片、像光滑的灰色鲸鱼一样的平驳船……然而，与河口最显眼却居然被忽视的表演者相比，它们都要相形见绌：那就是集装箱船和汽车运输船。

这些集装箱船和汽车运输船在神户、巴拿马或蒙罗维亚注册，它们的名称都追求"西方化身份"，如"密歇根湖号""奥地利号""遗产领袖号"；然而，它们侧面的标识却是其所有者：马士基航运、赫伯罗特航运、华伦威尔森航运，或者商业集团的匿名缩写，如NYK（日本邮船会社）、

EUCC(欧盟商会)、CMA-CGA(法国达飞船务)。尽管这些巨轮也漂浮在海上，却很难将它们与富于浪漫色彩的航船联系起来。这些巨轮有固定航线，并非在海上游弋。它们几天内就能完成库克船长① 要花费好几年才能完成的航行任务。它们必须符合巴拿马运河的标宽，也就是说，造船得符合世界标准，而这个世界也适合这些船。它们可能在生产线上时就被截过一刀。它们如悬臂般伸出的船头俯视着一切，但方形船尾看起来皱巴巴的，像是用硬纸板盖住的一样。

这些海上的家具搬运船来回航行，没有人歌颂赞美它们。当它们结束航程或驶向世界另一边，有时满满当当，有时却空空如也。它们启程时，没有人站在码头上向它们挥手告别；没有皇家海军乐队为它们送行；没有彩旗，没有仪式，没有欢乐也没有悲伤，只是匆匆地溜走。它们象征着日益缩小的世界。它们有半个泰坦尼克号那么大，沿着同样平淡冷漠的航线航行。船上的侧塔巨大无比，一个住在岸边的居民告诉我，船行所到之处，甚至会屏蔽电子信号。船侧滴着锈水。大海会成为它们的最终归宿。它们是幽灵船，毫无生气，只有船两侧留出信箱口一般狭窄的窗户，透过窗户能望见模糊的景象。

那么，海上生活是怎样的呢？船员们要么薪酬很低，要么就是和血汗工厂签了协议。由于在甲板上行走太危险，船员们不得不待在本已塞得满满当当的巨大金属船体内，同他们所在的巨大货船一样被人忽视。然而，这些船舶几乎运载着我们消耗的所有物品。它们头重尾轻，货物像玩具房子的砖头一样整整齐齐堆在一起。船体由一万五千吨钢铁铸造

① 詹姆斯·库克（James Kook, 1728—1779），人称库克船长，英国皇家海军军官、航海家、探险家，曾三度出海前往太平洋，是首批登陆澳洲东岸和夏威夷群岛的欧洲人。他在第三次探索太平洋时，与夏威夷岛民打斗并遇害身亡。

而成，长四百米，超出海平面六十米，吃水十米深。在生意不景气的时候，它们吃水深度较浅，就像某个船长所说："仿佛是载着空气去东方。"在经济形势相对较好时，它们吃水很深。这条吃水线就是全球经济的晴雨表。航行结束时，桥式起重机把船上的货物卸到铁路货车上；与此同时，崭新的小汽车像养鸡场的鸡一样层层堆起，从港口开进这些漂浮着的海上停车场，随后被运往新加坡。

这座海滨城市是由人工填海建成的，就连浇筑火车站台的水泥中也嵌着贝壳和砾石。而且，这些船带回了日本海藻和马尼拉花蛤等入侵物种。这些入侵物种依附在肮脏的船舶外壳或压舱物中。对海洋生物学家来说，每年都有新的外来物种进入英国，这里由此成为最富"异域风情"的河口。

附近的海洋中心是一个有着古怪工业化外观的综合设施，里面装有很多无线电通信塔；两侧配有长长的冷冻棚屋，容纳着地球有案可查的深度的核心样本，每三米代表一亿年。我从齐胸高的陈列柜里取出文件盒，研究商业水域的海事地图。我注视着这些地图，它们转变了世界的观念，展示出海洋对陆地的重要性——而不是反过来。地图册显示我们海岸周围水域是大片大片空白的蓝色区域，等高线、深度，连同在海上航行的公用设施，都被一一标示了出来。

例如，我游泳的这片海岸就被贴上了乏味的标签——"东部泥滩"。附近是一个"回旋场"，还有一个"气垫船测试区"和"国防部泊船处"。建筑物、房舍和道路消失了，取而代之的是一些与大海有关的地点。教堂尖顶和"高楼大厦"成了地标，用单调的细节做了区别："房子（红顶）"。从南安普敦水域进入索伦特海峡和较远处的英吉利海峡中途，有一个军事场地被标记在地图上：从"海豚河岸"到危险的"碎石浅滩"，从"雷达扫描区"和"险恶地区"到"射击演习区""潜艇演习区""炸药堆填区"和"美军基地"，这片平静的近海水域的设施足以引发全球地震级冲突。它们是沿岸散布的军事设施和指定训练场地，比如马奇伍德（Marchwood）军港，忙着向国外战场发送满载物资的船只，并带回被摧毁的残骸。马岛海战后，曾有八十人的尸体被存放在港口货物堆积区。

一天下午，我坐在海堤上观察鸟类，正当我要骑车回家的时候，看见有个奇怪的物体正在潜入水中。它通体呈磨砂黑色，吸收着周围的光线，有一大半沉入水中。在三条拖船的护送下，皇家海军"不懈号"（*HMS Tireless*）核潜艇——一个"猎杀者"——正在这里进行"友好访问"。它由看不见的能量驱动，正慢慢地往南边滑行。我能看见指挥塔上的人，其他人正在长长的船体上行走。核潜艇圆圆的背部正在下降，没有采取任何防止人滚落的防护措施，船员就像在鲸鱼背上闲逛，我看着其中两个船员走到了核潜艇高高的尾部，拉出一根立在那里的白色旗杆，这感觉就像他们身处阅兵场一般。

很快，这艘核潜艇会在怀特岛不远处的某地潜入英吉利海峡，在大西洋洋面下航行六千英里到达马岛。核潜艇能效极高，可以在水底待上三年，甚至更久。在苏格兰，有个汽车司机曾告诉我他在法斯兰（Falksland）海军基地是如何工作的。他说，核潜艇上的邮件通常都被截留了，以防止船员收到家里传来的坏消息并为此不安。即便有的船员爱人去世了，他们也束手无策——根本不可能返回陆地。

司机语气平淡地说起，有人曾在海上发了疯，在核潜艇这个金属闷罐里失去了理智。他们在这里甚至没有自己的床铺，不得不与战友分享床位。他还提到这样一件事：有一个穿便服、提着包裹的人，说自己正准备回家，之后就永远地消失了。

一天早晨，我到沙滩的时候，让人备感意外的情况出现了，我紧急刹车，车子发出刺耳的声音。海水已经退去，显露出大块大块的泥滩，仿佛河口的水槽塞子被拔出来一样，海滩面貌一新。在春季的大潮中，这段海峡缩到了最窄，甚至可以穿行走到对面的森林。

泥滩中竖起的桩子像是死人的手指，在我徒劳地尝试走向这片新天地时将我绊倒。鸟类独自占有着这一切，乌鸦甚至背弃了它们觅食的人类世界，在不远处，正和涉水禽一起在水中嬉戏。

潮水本是气候之征兆。虚弱的太阳试图蒸发雾气，但天气变得越来越寒冷。天空中的异象映照在海中，海洋仿佛在经历一场月食。索伦特河或许要回到大洪水前的洪荒状态，这也可能是反常的海啸前兆。或许，大海升上了天空——人们曾经认为有一片海洋在我们头顶上方。某位中世纪编年史作者描述了教会众人在墓碑上发现了锚链的事情。锚链紧紧地缠住云彩，一个男人从云中降下，在浓稠的空气中窒息，仿佛在水中溺死。

巨大的黄色救生圈通常拴在链子上，链子一头固定在海床上。这些救生圈像是人们玩耍一天后的沙滩排球一样落在海里。在船坞的前头，船的两侧很不雅地暴露着，仿佛有人窥视裙底；如果没有海水浮力支撑，它们随时都会倾覆。但是，退潮一定会在某一刻停止，很快会恢复常态，地球和月球继续转动，牵引着两者之间的海水。晚秋的某些日子，雾霾深重，海天一体。我的周围有成百上千只鸟，但我只能听见它们粗粝的尖叫声。看不见的船只发出呜咽，如同迷路的鲸鱼。

冬日临近，来自北极圈的冷风将薄雾一扫而光。柏油马路似乎都冻开裂了。我的手指冰冷刺痛，一根根手指像蟹脚一样支棱着；夏天的色彩早已褪尽，只剩下我的手背被晒得黢黑，看上去像是两座棕色的小岛。现在得戴上两顶帽子和两副手套了。我肩膀缩成一团，推着自行车沿着海滩走，我很清楚海水还会变得更冷。每年这个时候，人们从汽车里出来都要纠结半天。我只盼着钻进车里。

我俯瞰着海面，寻思着为什么会有人想入水。冷气流抚平海面。水流缓慢，涟漪仿佛凝固的果酱。水面泛出油润的光泽。平时活跃的银鸥在海上漂浮着，像是被冻住了。世间万物都慢慢地步入了冰川时代。之后，海潮线上会结上一层冰，就像玛格丽塔鸡尾酒杯沿上的细盐一样。夏天，水受热膨胀；现在则是遇冷收缩。在检查过岸上没人之后，我脱掉了靴子和衣服，毫不犹豫地一头扎进了水里。

我冰冷的双手推开波浪。如果从上往下看，我的样子一定像只拧上发条的青蛙。随着每次划水，我的体温急剧下降；我伸手向前，仿佛要给海水加温。夏天，我的身体很容易就能适应；现在，身上各处都紧绷着，亟待保护。

我振作起来，游到远处鸬鹚所在的浮标那里，我已经到达了生理极限。我返回沙滩，像一只鹅那样探着水深。我站在海堤上，一丝不挂，跳了一小段舞，唱歌给自己听。如果"狂喜"是指灵魂出窍的状态，那么我感受到了前所未有的快乐。一切都摆脱了，一切都重生了。只有我和大海。

在苍白的光线下，太阳黯淡而寂静。我挣扎着穿上衣服，战栗着，仿佛除了我，整个世界都在颤抖。我的脚在冻结的地面上走过，留下一个个小水洼，每一个脚趾印都很清楚。毛巾上的红色线头脱落了。我套上袜子。回家后，我会倒出袜子里的沙子和杂草，作为我这次愚蠢行为的证据。

寒冷变成了某种温暖。我的手指开始发热，热得好像小时候从学校回家把手贴着煤气炉取暖那样；冬天结束时，我的指关节会皲裂流血。随着感觉恢复，我闻到了羊毛手套里羊毛脂的气味。我有一个用弹性带绑着防止脱页的笔记本，在我奋力写下潦草的字时，连鼻涕也滴进了墨水里，形成了罗夏墨迹①。我的身体因缺乏睡眠变得昏昏沉沉。对茶、面包和温暖房间的渴望从来没有如此强烈。

在这番自讨苦吃之后，随之而来的是一阵强烈的毛细血管扩张。也许只是血液冲向大脑，但我的感觉就像是被擦拭一新。我准备好再次出发了。我不仅能感受到这个世界，更是这世界的一部分，尽管有时在雾的笼罩下，我想自己一定是在做梦。

冬天是孤独的季节，这是我喜欢冬天的原因。独处的时候更轻松，不会有人注意到我。白昼短暂，在每个晨与夜，沉默降临，沉默离去，有余裕让人感到自己在活着。凡事所缺，必有所补。我必须忠于大海。要是在黎明之前游泳，天还黑着，我不得不打开自行车灯才能找到脱下的衣服。有一天，海浪把衣服冲走了，我只能蹚水追衣服。

大海从不在意，它能取走一切，也给予一切。港口是悲伤之地。水手们拒绝学习游泳，因为一旦失足落水，尽管能看得到海岸线，但是挣扎只会延长痛苦，你只能一直孤独地待在那里，直至死神降临。

很多人就死在了这些郊区的水域。在奈特利军事医院的公墓里有一座墓碑，碑文是实心的西里尔字体，墓碑是为了纪念"博亚尔斯基王子号"（Prince Pojarsky）护卫舰上的三个俄国水手，他们于1873年葬身于此。附近一个酒馆曾有一间外屋作为临时停尸间使用。

---

① 罗夏墨迹被用于投射型人格测试，在临床心理学中使用非常广泛。该测试向被试者呈现偶然形成的墨迹，让被试者说出由此联想到的东西，然后将这些反应用符号进行分类记录，加以分析，进而对被试者人格的各种特征进行诊断。

海岸警卫队把尸体打捞上来，放在桌子上；与此同时，隔壁的人们在畅饮啤酒。我的哥哥在离怀特岛不远的一条拖网渔船上工作时，曾目睹拖网拉上尸体，死者和另一个人半夜脱了衣服下海游泳，命丧于此。渔民们一直让拖在网中的肿胀尸体远离船首，直到警察到来。他们认为，将尸体放在船上是不吉利的。与那些不会游泳的水手一样，我无法将爱与恐惧调和在一起。当我走下海堤、走进水里时，完全清楚下面有什么，但我仍旧害怕水底会有什么莫名的东西。

有一天，月近圆满，海水波澜起伏，我感觉自己并不孤单。当我游到最远处返回时，被某个快速移动的东西吓呆了。在我正后方——差不多只有一码远的地方，有一个大脑袋，长着狗一样亮闪闪的眼睛，那是一头胖乎乎的大型成年灰海豹。

我向后撤，被眼前的景象惊呆了。我知道索伦特海峡附近有一个海豹聚集地——我曾在那里看到过灰海豹和斑海豹。它们脂肪太肥厚，性情太懒惰，整日晒太阳，背上都长出了海藻。它们的后鳍抬得高高的，以便在冰冷的泥滩上保暖。从远处看，它们似乎非常可爱。但是在水里与一头海豹面对面，就是另外一回事了。灰海豹能长到八百磅重，尖牙利爪能引发严重的海分枝杆菌感染（也叫海豹状肢），可能导致患者截肢。

我和那头海豹相互打量着，双方都非常惊惧。它的体型有我两倍大，很显然是一头成熟的公海豹。它抬起灰色的头，貌似悲伤。我不知道它打算做什么，但我不打算等着看出结果。为了和海豹保持距离，我踢蹬着双脚往岸边游去——结果却发现这头巨兽一直在水下游动，跟随着我。我匆忙爬上海堤，进入安全区域，拿起衣服，俯视着它。

我的忧虑是正确的。靠近点看，它的个头甚至更大了，几乎是被清澈的海水放大了。它浮在水面，嘲弄般地吹着气，看起来更像是一头海牛。我能看到它的胡须和它皮肤上的褶皱。这个灰白的、不像海豹的生物，正在努力弄明白我是个什么东西。我匆忙穿上衣服，盯着我的泳伴。它的好奇心得到满足后，朝着宽阔的海域游走了。它逆流游动，身躯时隐时现，最终消失在视线之外。

回家后，我摸着黑走来走去。我对屋子里的每一间房间都了如指掌。我在楼梯平台上的镜子里看着自己，这镜子挂在这里是为了方便母亲下楼前检查妆容。她的项链恰到好处地戴着，就像父亲总是系着领带一样。现在我盯着镜子，想弄清自己是谁。

我走出屋子，站在寥廓的霜天下，仰望稀疏的天河：双鱼星座、水瓶星座、摩羯星座、海豚星座、鲸鱼星座——古代人的大脑尚未被日常的图景填满，他们联想创造出这些群星璀璨的动物寓言集，仿佛宇宙的浩瀚无穷还不够令人敬畏似的。闪耀的猎户座，黯淡的参宿四，昴宿星团周围的星云都在缓缓移动。这些星座太大了，不能直视观察，得用天文学家的侧视法观察。它们似乎永恒不变，但其实都形成于宇宙大爆炸；它们加速黯淡下去，继而坍缩衰亡。

海天相接。我拿着双筒望远镜，颤抖着观看渐盈凸月，月亮冰冷的表面永远背向地球；对西尔维娅·普拉斯[1]来说，它像"深深的罪恶"一样拖曳着大海。有一次在深夜的花园里，我看到一颗闪着橙、红、白三色的异常流星进入视野，流星即将消失在地平线时，尾部拖曳

---

[1] 西尔维娅·普拉斯（Sylvia Plath，1932—1963），美国诗人、小说家、短篇故事作家。前夫是英国著名诗人泰德·休斯。普拉斯的作品极富激情和创造力。诗歌代表作有《爱丽儿》《巨神像》《边缘》等，小说代表作有《钟形罩》等。

着嘶嘶作响，就像中世纪的一个启示。

在远处的市中心，钟楼里响起了钟声。房内的一切都物是人非，地板像船一样嘎吱作响。随着嘀嗒声，热气散去，仿佛房子也要睡着了。我躺在窄床上，聆听暗夜的声息。一个模糊而低沉的声音从码头那边传来。码头——这个上帝不存在的地方，无休无眠，含有钠盐的黑色海水泛起涟漪。我关掉床头灯，听见有人呼唤着我的名字，仿佛夜晚不愿让我陷入孤独。那些喝酒、跳舞、吸毒的夜晚，此刻都被令人眩晕的空虚充斥着。夜深了，恍惚觉得有只动物正在某个房间内走动，有头熊崽正在成形。有时，我很早就醒来，听到母亲正在楼下盥洗，尽管她六年前就过世了。

这座房子有些年头了，墙面涂过灰泥，扩建过，也缩减过，像女人的裙裾一样，随着款式的流行起起伏伏。草坪早已荒芜，杂草遍布。我年少时，曾在一个炎热的仲夏午后躺在这片草地上阅读《李尔王》（*King Lear*），尽管我那时更乐意在卡带录音机上听大卫·鲍伊（David Bowie）的《陨落星辰》（*Ziggy Stardust*）。灌木丛深处的某个地方有一圈铁丝网围栏，二十世纪二十年代，某个拓荒者首次在这片荒野上圈出了一块块地。如果你能凭着圈定的物种数量猜出灌木篱墙的年岁，那你就可以通过风格和细节确定街道的年代。时光倒流，这里的一切再次化为乌有：烧煤的明火替换了中央供暖；古老的搪瓷浴缸上，烧水锅炉爆出蓝焰，更别提头顶裸露的电暖炉有多危险了。没有电话，没有地毯，没有双层玻璃；外面到处都是孩子。

视线移向前方，每个十字路口的拐角都有一间商店：一间杂货铺和邮局紧靠在一起，你可以边切午餐肉，边购买邮政汇票；肉店里满是砖瓦和锯屑，还有一块块血淋淋的动物内脏；理发店里有很多椭圆形头盔，戴上这些头盔的顾客看起来简直像是宇航员，头上永远留有洗发液的味道；一位独身老妇人经营着一间漆成褐色的小店，店里只卖糖果，很少营业。但一切都消失了。这里同别处一样，居民们乌托邦式的梦境破灭了，荆棘布满了每一处缝隙。

花园末端——远处的避暑别墅内挂满了年代久远的蜘蛛网，每个晃动着的白色垂囊里都有一只干瘪的昆虫——是一个破碎的花棚。最近，一阵突如其来的冰雹将我困在了外面的花园中，我不得不钻进棚子里躲避。

几个月，甚至几年以来，这是我第一次进入这里。屋顶已经腐烂了，有两个裂口大张着，朝向天空，就像被炸弹击中一样；随着夏天过去，繁花凋零，一切都在腐烂衰败；两辆泄了气的自行车靠在倾斜的墙旁；塔楼里的盆栽摇摇欲坠；曾牵引香豌豆花的竹条堆在角落里，竹节上还盘着麻绳。整幢建筑正在慢慢瓦解。我站在那儿，除了房顶上冰雹的咚咚声之外，四下里一片寂静。冰雹从屋顶的洞落进来，像沙漏里的沙子泄下，简直要填满整个棚屋。

棚屋后是一排高高的女贞树篱，像一片片绿色的云朵，蓬乱不堪。树篱里藏有一条甬道，我的兄弟们曾在这儿抓草蛇，让蛇在水桶里游动。刺猬仍在夜晚慢吞吞地走出来，在草丛里踩出条条小路。在花园尽头，穿过马路，有一处罕有人迹的地方，一条满是树木的峡谷。沿峡谷倾斜向下，是一条小溪。夜晚，能听见灰林鸮的叫声从溪边传过来，在房顶上飘荡，仿佛是卫星天线捕获了鸟鸣。

一天下午，父亲在土壤肥沃的菜园里劳作时，喊我们去看一只在草坪上慢慢爬行的蠕虫，它一定是从堆肥里爬出来的。我捡起一把铲子，一下子将它切成了两段。我还记得，从切口处喷涌而出的血把我吓了一大跳。

我以为会是怎样的呢？难道我认为那是一个橡胶玩具吗？我对于自己的所作所为既迷恋又惊恐，我站在那里，呆呆地凝视着眼前的一切。时至今日，我仍为当初的行为而后悔。此后只有两次，我要为动物的死负全责。一次是我发现了一只刺猬，它的眼睛上长着一个赘瘤，像肿胀发白的豌豆。我把它扔进水桶里，用手摁着它，它紧绷的圆圆的身体只短暂地抽搐了一次就溺死了。第二次就是最近。

我瞥见了它，那是沙滩上一个白色的斑点。当我游完泳回来时，我看见这只鸟还在那儿。

没什么特别的：是一只红嘴鸥。我走近时，它跑开了，没有飞向高空。随后，我看见它的翅膀稍垂在地上，明显是断了，而且断得很彻底。是狗或狐狸干的吗？它时不时把头转向伤口，用嘴啄着断裂的骨头，一副不明所以的样子。为什么它不能像往常一样行动自如了？它理解不了身体的故障。我倒是可以理解，但是我没有救它，而是骑着自行车回家了，一心只想着午餐。

大约一年前，我在海滩上骑自行车时，看见了两只疣鼻天鹅，这也很常见，它们正用鲜艳的喙在浅滩上啄食。北欧历史学家奥洛斯·马格努斯（Olaus Magnus）曾于1555年写道："大家当然知道，天鹅是一种性情温和、本性良善的鸟。"他注意到，天鹅的名字，源自它甜美的引颈长鸣，尽管在古代，天鹅鸣叫时会把翅膀举过头，天鹅之歌"超凡脱俗。柏拉图说过，天鹅的生命要走到尽头时，它们的歌声并不是出于悲伤，而是出于喜悦"。如同貂的习性一样，据说天鹅宁愿死去也不愿玷污它们冬天白色的羽衣。天鹅誓死保持它的洁白，就像非洲儿童新洗的衬衫一样纯洁无瑕。

但是，其中一只天鹅并没有在梳理羽毛。它正用翅膀拖拽着几乎看不见的细线——一根废弃的钓鱼线——天鹅吓坏了，越是挣扎越是被缠绕得脱不开身。

一个面貌饱经风霜的男人也在关心地看着。我提议我们试着做点什么。我们涉水朝这两只天鹅走去，但它们避开了，我们根本够不到。那个男人——我现在视他为同伴——提了个建议：他有条船。片刻之后，我们坐上船，追逐天鹅。强有力的舷外发动机带我们出了海峡。同时，我们的目标物正在奋力躲避我们。我们绕着圈切断天鹅的逃跑路线，接近这只慌张的鸟。我忽略了以前听过的说法——天鹅能用翅膀把人的腿打断——俯下身把它抱起来搂在怀里。

我能感受到怀中天鹅的洁白无瑕，它强壮、温暖、毛茸茸的，一点都没有挣扎。事实上，它显得相当自在，尽管也可能是出于恐惧：被俘获的动物会装死，作为最后一招逃生的手段。我仿佛抱着一件有生命的乐器，又像是怀里搂着一个芭蕾舞女。它愤怒地转头面对我。我用手握着它细长而强健的脖子时，想到了爱丽丝的火烈鸟球杆[①]。我的同伴拿出小刀切断了天鹅身上的细线。一切都结束了。我放开双臂，感觉它放松下来，身体恢复了活力。它游到几码远的地方，展开翅膀，转过身发出鸣声。

后来，我读了泰格·巴恩斯（Tag Barnes）的《水边的同伴》（*Waterside Companions*），才知道这个故事还有另一种说法。巴恩斯从小就酷爱钓鱼，为了指点钓鱼的同伴可能会看到哪些生物，他在1963年写了这本书。他用一两页内容赞美了母赤松鸡、鸬鹚、鹏鹩，甚至水鼠、蟾蜍和河狸鼠

[①] 出自《爱丽丝梦游仙境》，书中的红心皇后用火烈鸟做球杆打槌球。

也得到了应有的赞赏，但谈到天鹅时，巴恩斯似乎火冒三丈："我游泳时有东西闯过来，我大吃一惊，寒毛都竖起来了。"很明显，他并不同意柏拉图的抒情描写。他说，天鹅是"最具攻击性、顽固不化、傲慢自大的鸟，它们可能还极度危险"。

从捕食者的观点看，阅读自然史使人精神振奋。在巴恩斯的书里，沉默无声的动物变得几近恶毒。他认为，扔石头或者嘘声驱赶都无法阻止这些水上暴徒。"它们经常会反过来驱赶人，有时甚至以暴力相威胁。"他暗示，可以向这些无赖泼污水——也许这样一来，这种虚荣的动物就会因为爱惜羽毛而甘拜下风。巴恩斯用来对付这些水上暴徒的另一个手段是"冲着它们的背投掷钓线"。这就是"我的"鸟所遭遇的吗？巴恩斯的最后一击自证其罪，这就像用十二号口径滑膛枪射出第二发子弹一样，绝对是蓄意的恶行。他承认天鹅只吃水草，然后总结道："我推荐小天鹅，那可是一道真正的美味！"

在目睹了红嘴鸥的困境和它折翅的事实后，我当天下午返回了海滩。我最后看见那只鸟时，它跑进了灌木丛，寻找遮蔽物，躲避捕食者；以前我曾看到过其他受伤的鸟类退到同样的低矮草丛里，仿佛是在选择死亡之地。而现在，它回到海岸边，默默地拒绝接受命运。有那么一刻，我认为它翅膀上的伤势很可能恢复了，像脱臼的肩膀归位一样，奇迹般地复原如初。然而，奇迹并未出现，很显然，我必须做点什么。

我蹑手蹑脚地跑向红嘴鸥，把它逼向海堤，然后用我的泳裤罩住它的头，抓住它不停拍打的身体。令人惊讶的是，它像那只天鹅一样，几乎没有反抗，只是可怜兮兮地试图啄一下我的手指。

这么近距离地看着如此熟悉的动物让人感到怪异：深红色、线条优雅的长喙弯曲着；深褐色羽冠沾满了尘土，与它洁白的身体形成了鲜明对比。它不过是附近地区最普通的一种野生动物，可近距离看，它完美得不可思议；现在，这种完美被无可挽回地摧残了，我检视它的翅膀时能感觉到折断的骨头。它再也飞不起来了，尽管它亮晶晶的双眼仍凝望着天空。

我打开背包的拉链，把这只红嘴鸥轻轻放进去，又把拉链拉好。

我不能把它带回家。骑自行车还有很长一段路。我担心红嘴鸥在背包里会受不了。于是，我骑车去了附近的乡村公园。当我骑过乡村街道时，能感觉红嘴鸥在我的背上挪动。它时不时发出一阵微弱的叫声。我担心它在尼龙包里可能会窒息，于是停下车，拉开一点背包拉链，心里忐忑不安，希望它还没有死去。它微弱的挣扎告诉我它还没有放弃。

公园管理处也做不了什么。没有人对这只鸟的状况感兴趣。有人说我"心肠太软"，还说海鸥根本"一文不值"；稀有动物可能值得去救，至于这只海滩上的老鼠就算了。

我想捧着它的头，向人们展示它美丽的喙，好像它会为了挽救自己的生命而放声歌唱似的。然而，它只是无助地躺在那儿。我和它一样，都感觉自己好没用。我向防止虐待动物协会求助，他们建议我找兽医帮忙。但路途遥远，我们俩都经受不住，这不过是把不可避免的事情再拖延一阵子罢了。我有一个朋友在附近工作，他是一名公园管理员。

我最后一次拉开拉链。理查德伸出他棕色的大手，温柔地捧起这只红嘴鸥，仿佛红嘴鸥的生命从我的手上传递到了他的手上。"它是被气枪打中的。"他平静地说道，随后，他把红嘴鸥带到墙角掐死了。

我骑车回家的路上，似乎沙滩上所有的海鸥都转身背对着我，毅然看着别处。当我经过它们时，仿佛能感觉到它们低声叫着"凶手"的谴责；它们也曾被迫害，被当作美味吃掉，它们的蛋被成千上万地堆在一起。

当我返回岸边，再次拉开背包的拉链，我看见一颗光滑的鸟粪石，还有我泳裤上褐色的血迹。背包底部有一片羽毛，海风把它从背包里面吹拂出来，羽毛飘进了海浪里。

我冲进海里，身边是大片漂浮的海草，我看着渡轮竞相远离海岸。在不远不近的地方，一群海鸥在狂暴地争斗，贪婪地猎食。

一阵风暴过后，海浪微微起伏，似乎已经筋疲力尽，大海吐出了奇怪的东西：巨大的木头，可能是枕木或是古代船上的舷墙；橱柜门和塑料座椅；弯弯曲曲、来源不明的刷毛；缠在一起被杂草覆盖的短绳。有时，这种场景就像战争过后的满地狼藉：银鸥莫名其妙地摇着头和脖子，像是布袋木偶一样软塌塌的；一束商店买来的新鲜花束——为了纪念某个无名逝者；一个曾经装着人类骨灰的空盒；一堆篝火烧焦后的残留物，环绕着几只空啤酒罐。

我很小的时候常想，清点海岸上每一颗鹅卵石将会是怎样一种可怕的惩罚。或者，在那里丢了珍贵的东西，并且永远也不可能找到，这会是怎样的一种感受。现在，我每天都找寻有洞的石头，把它摆成一个特别的角度，从洞中观景；光线像一颗小太阳一样进射进来，我仿佛在用一只史前望远镜观看世界。回家后，我把石头从口袋里拿出来，放在窗台和架子上，这些石头记录着我的每一天。这些由神力或巫力加持的石头，是力量强大的护身符。我奶奶曾经生活在新森林的边缘，她的玻璃柜子里就有这么一颗石头，旁边有一排陶瓷西班牙小猎犬。

在牛津皮特-利弗斯博物馆（Pitt-Rivers Museum）的一个玻璃橱柜里，有许多从其他海滩搜集来的相似的石头，每一个都贴有手写标签。威廉·特维泽尔（William Twizel）是一个生活在维多利亚时代的渔夫，家住诺森伯兰郡（Northumberland）的海滨，他将石头整齐地排在家门口，这是祖先留下来的传统，而父辈的蓝眼睛据说就是他们村舍前大海的颜色。威廉的石头旁，是奥古斯特·皮特－利弗斯位于威尔特郡（Wiltshire）的庄园的石头，这块石头固定在农舍的房梁上，用来驱逐女巫。

陆军中尉奥古斯特·亨利·莱恩·福克斯·皮特－利弗斯[①]，这名字听起来像是一个地理坐标。他是一位克里米亚战争中退役的老兵，也是一名达尔文主义者，更是英国考古学的先驱。他根据类型和用途，而不是根据年代和出处，将藏品做了排序。现在这些藏品满满当当地堆在桌面上和壁柜里，有化石、扇子、宗教木雕和部族面具，所有这些都乱七八糟地挤在一个有长廊的阴暗大厅里，看起来特别像一间阴暗的百货商店。

来自北爱尔兰的克雷格（Craig）和巴利米纳（Ballymena）或者布列塔尼[②]的卡纳克（Carnac）的石头曾用于保护奶牛。人们把这些石头挂到缆绳桩或牛角中间，以防止精灵偷走牛奶。马身上也挂上巫石，以防女巫在夜间把马骑走。在达特姆尔高原（Dartmoor），人们把石头套在脖子上，或钉在床柱子上，以防御昼伏夜出的恶魔。十七世纪，苏格兰高地的布拉汉先知（Brahan Seer）据说有这么一颗石头，他能透过它看见另一个世界。尽管如此，他还是在苏格兰香侬里普安特（Chanonry Point）的海滩上被塞进沥青桶烧死了。

1906年，亨利·考利·马奇（Henry Colley March）博士在一篇

---

① 奥古斯特·亨利·莱恩·福克斯·皮特－利弗斯（Augustus Henry Lane Fox Pitt-Rivers，1827—1900），英国考古学之父，提出了考古田野发掘的四项原则。

② 布列塔尼（Brittany）是法国西部的一个地区。

《多塞特郡女巫的渔船》（*Witched Fishing Boats in Dorset*）的文章中提到：多塞特郡的渔夫会在船头系上圣石，让起航缆穿过石头。他强调说，在多塞特郡，将钥匙系在有洞的海滩石头上可以求好运，这也是当地的风俗。在他的同仁如皮特·利弗斯、M. R. 詹姆斯（M. R. James）和詹姆斯·弗雷泽（James Frazer）在古文物研究领域的传统之上，博学的马奇博士进而认识到英格兰南部、奥克尼群岛和布列塔尼三地巨石阵的关联性。这些半自然半人工的巨石承载着过去的力量。"人们将生病的或患癫痫的孩童拖进一个巨大的'德鲁伊教'①石阵中，我们不可能看不出这种古老行为背后相似的动机……"这些石头串起来，同样是为了供奉未知的神灵，尽管在我看来，它们更像是一堆小小的现代主义雕塑。

但你无法在家里保留一片海滩，只能在书架上堆满摇摇欲坠的石头。它们是记忆的终碛②，聚集着我分解散落的尘屑。附在鹅卵石上残缺不全的牡蛎壳，灰白、光滑、形态僵硬，有眼睛一样的结疤；维多利亚式喷砂玻璃的碎片；一堆果酱罐子；一根根吸管，曾被胡子拉碴的嘴吸吮过，随后像烟屁股一样被废弃了；蓝色柳叶图案的盘子碎片等着重新烧成陶瓷。所有的这些东西都被海潮翻卷到了一块儿。很小的时候，我曾听过贝壳里海浪奔流的声音；如今，同样的声音我倾听多年，这是我心中永恒的海洋。

---

① 德鲁伊教（Druid），古代凯尔特人的宗教。

② 位于冰川末端的冰碛，可以作为判断冰川的位置、时间、到达范围和冰川作用阶段的依据。

艾丽丝·默多克①在1978年出版了《大海，大海》（*The Sea, the Sea*）。在这部怪异小说中，著名演员查尔斯·阿罗比离开伦敦去写自己的回忆录。在一处未知的英国海岸边，他独自生活在一栋破破烂烂的房子里，他来到海边是为了追求一种"修道院式的神秘主义"。事情在夏天接踵而来，就像莎士比亚戏剧里一系列不可能的巧遇和幻梦，阿罗比就是普洛斯彼罗②。事情发生的地点和时间都像天启一般模糊不定，似乎整个世界正处于崩溃的边缘——实际上一直都处于崩溃边缘——尽管表面上，在阿罗比海边寓所以外的世界一切如常。

在遍布岩石的海滩上，他顺着潮汐，牵着绳索，游向大海，欣赏着孤寂壮阔的风景。他的田园生活在一个清晨被打破了，也许是出于他的想象，也许是亲眼所见——一只有鬃毛和獠牙的大怪物出现了。"我看见一只怪物从海浪中升起"，它有二三十英尺高，身体盘成一团，浑身长刺，头戴羽冠，粉口利牙。"透过它盘绕的身体，我能够看到天空。"尽管他将这恐怖景象归于迷幻的闪回或青春放纵的后果，但随着他曾经的爱人和敌人阴魂不散，这只怪兽成了随后一幕的预兆。这个令人不安的幽灵让人想到拉辛的《菲德拉》③中的场景：一个海怪出现了，它所在之处，

---

① 艾丽丝·默多克（Iris Murdoch，1919—1999），是第二次世界大战后英国文坛最具影响力的小说家之一，同时她还是一位伦理道德哲学家，拥有广泛的国际声誉。她是继狄更斯以来英国文学中少有的多产作家。著有《网之下》（*Under the Net*）、《黑王子》（*The Black Prince*）、《大海，大海》（*The Sea, The Sea*）等。

② 米兰公爵普洛斯彼罗是莎士比亚戏剧《暴风雨》中的人物，他被弟弟安东尼奥夺去爵位，自己带着独生女儿米兰达和魔术书流亡到了一座荒岛，在那里使用精灵，呼风唤雨。

③ 让·拉辛（Jean Racine，1639—1699），法国剧作家，与高乃依和莫里哀合称十七世纪最伟大的三位法国剧作家。他的戏剧创作以悲剧为主，其中，《菲德拉》（*Phaedra*）为三幕歌剧。

充满了恐怖的气氛，希波吕托斯的马群在惊怖中拽着他狂奔，希波吕托斯由此殒命。

大海贯穿了默多克的这部悲喜剧，它变幻不定又恒常如故，它是作品中一个内化的角色，提醒我们：英雄想要改变自己的命运以及试图操纵朋友们的尝试终究是徒劳的。他似乎被困在了正在发生的事实之中，自始至终都在记载每一道调配出来的怪异膳食，即使在大难临头时也是如此。他一直在吃：罐装干酪通心粉布丁、巧妙搭配的冷冻绿皮南瓜、"巴滕伯格卷饼配梅脯"、"煮熟的洋葱配麦麸"、"荨麻搭配荷包蛋"、"直接从罐头里挤出来的一点冰冻清炖肉汤"，所有这些食物都佐以附近的乌鸦酒店买来的西班牙红酒。这样的细节只会使故事更怪异。他绑架了年少时爱上的一个女人后，却偶然发现这女人就住在附近。在这本书的末尾，阿罗比几近溺亡——在大海的典型神秘环境下经历了一次显灵。在水中，四头海豹以快速摆动身体的方式显灵。"它们长着张狗一样的脸，好奇地向上观望着，当我看着它们游动时，我无疑觉得它们实属善类，降临并赐福于我。"

默多克小说的标题源自古希腊战士的呼唤声，这些战士在征战波斯帝国后，最终看见了黑海，而这景象昭示着家乡。作为一名作家，她因明显相信神话和怪物而遭到批判。就个人而言，或就其作品而言，她敏锐的智慧与其柔弱的纯真形成了鲜明对比。她患痴呆后，身为作家的丈夫仍带着她四处走，她就这么在众目睽睽之下了此余生。我以前经常在文学发布会上看到她——满头银发，眼神闪烁，笑容僵硬，形同幽灵，在房间角落里暗自发呆，在任何地方，任何一个这样的房间中，任何人都有可能看到这样的她。

大海供养着我们，也威胁着我们，但它也是我们人类的起源地。有人认为，我们与大海的关系甚至比想象的还要紧密。卡鲁姆·罗伯茨[①]与其他科学家一同指出，人类皮下脂肪的比例是其他灵长类动物的十倍，更接近长须鲸的皮下脂肪比例。从进化论观点看，作为陆地捕食者而言，拥有这个脂肪比例是没道理的，但对于自海洋演化而来的"水生类人猿"来说，这样的脂肪比例用处就很明显了。我们不会飞，跑不过别的动物，身体表面缺少保暖的毛发，但我们会游泳和潜水——单有这种技能真是讲不通，除非我们是在水中孕育，或者在水中被塑造成形的。

　　这种理论由戴斯蒙德·莫里斯[②]首倡，随后，伊莱恩·摩根[③]也做了研究。在这个研究领域存在着某种偏见，摩根的理论因此被否定了。科学家们对"水生类人猿"理论莫衷一是，这种理论因其简洁而被忽视了。也许这个理论有些过于完美：我们不是从树上下来，到大草原上狩猎的，而是在海岸登陆的，这尤其与人类天生就是捕猎者的理论相悖。然而，新的证据表明，可能是海洋的食物来源提供了促进我们大脑发育的脂肪酸，在非洲撒哈拉以南地区，人类最早的故乡，我们为了涉水寻找贝壳为食，才学会了直立行走。无论过去还是现在，人类都与大海紧密相连。

　　其他证据也支持摩根的理论：我们的身体容易脱水，这种特性对生活在大草原上的动物毫无益处；当我们跳入水中时，身体会有本能的屏气反应，而其他陆生哺乳动物并不能控制它们的呼吸反应。这不就意味

---

　　① 卡鲁姆·罗伯茨（Callum Roberts），约克大学深海问题专家，著有《反常的海洋史》（*The Unnatural History of the Sea*）。

　　② 戴斯蒙德·莫里斯（Desmond John Morris，1928—），英国动物学家、动物行为学家、超现实主义画家、著名作家，代表作有《裸猿》《人类动物园》等。

　　③ 伊莱恩·摩根（Elaine Morgan，1920—2013），威尔士作家、剧作家。代表作有《水猿假说》（*The Aquatic Ape Hypothesis*）、《裸露的进化论者》（*The Naked Darwinist*）等。

着，我们曾经习惯于进入海里，也许是把头伸进水里找食物，或者甚至是在海里待过更长时间？比利时人类学家马克·韦尔哈根（Marc Verhagen）及其同事相信这是可能的。他们认为：人类的宽肩更适合游泳而不是长跑，并且人类之所以腿长、步幅大，也是源于祖先在浅滩上觅食之便。

人类退化的蹼指也被认为是两栖动物适应水生生活的结果——就像圣基尔达岛（St Kilda）上捕猎的海鸟进化出宽宽的脚掌来攀爬岩壁。另外，东南亚的海上流浪者习惯潜进浅海，他们的眼睛似乎在水底也能很好地聚焦。甚至就连人类的器官也有着对海洋的记忆。在进化过程中，人类祖先由于生活在海中，体内常常盐分含量过高，我们的肾脏于是进化出可处理高盐分的功能；我们的身体的三分之二都是水分，仿佛体内蕴含着大海。

尽管许多科学家对"水生类人猿"的理论不予理会，但这个假说颇有魅力：尽管我们生存在陆地上，但我们将自身的发展、控制力、智力甚至灵魂都归功于水。

我们无法否认；我们都注目于水。就像许多其他人一样，为了寻求新事物，我们距今还不太远的祖先们迫切地渴求在海上旅行。

我的高曾舅祖詹姆斯是威廉·宁德（William Nind）十三个孩子（其中至少三个孩子夭折了）中的长子，1782年出生于靠近格洛斯特郡（Gloucestershire）特雷丁顿（Tredington）的阿什丘奇村。至少从十六世纪起，宁德家族就是农民，一直生活在科茨沃尔德（Cotswarld）丘陵山脚下，在贝克福德、沃尔顿加迪夫、阿什丘奇、阿尔斯通靠近图克斯伯里镇和切尔滕纳姆镇的几个村庄间迁徙，落脚处都是三角形的小块肥沃土地。

作为长子，詹姆斯本应跟父亲一起种地。但在我阿姨用优美的字体写下的家谱中，她记录道，詹姆斯为了获得一块种植园，离开英格兰去了锡兰①。他可能是去种咖啡豆，而不是种茶，因为茶树直到十九世纪中期才开始在那里种植。据说，他还参与了另一项商业活动——贩卖人口。早在1807年，英国就已废除了奴隶制，但直到1838年，奴隶制在英国的殖民地上仍在继续。詹姆斯从事"黑奴买卖"，实质上是绑架——诱拐原住民上船，把他们作为合同劳工卖出。靠着这生意，詹姆斯·宁德积累了三十万英镑的财富，他死在一条锡兰出发的船上，这条船名叫"风马号"。

从小时候听到这个故事开始，我就一直想象着那个场景：一艘在风暴中颠簸的船上，我的祖先斜靠着船舷上缘，闪电劈下。或许他是自寻死路，就像《黑斯廷侯爵》（*Marquis of Hastings*）中的威廉·奥斯勒船长一样。1827年9月，奥斯勒在从新南威尔士和中国返航的路上，"突然精神错乱，自己从船上坠海，那是在9月9日晚上，好望角附近。翌日早晨，在其舱房的桌上发现了一张字条，上面写着：'是浑蛋的船员和大副害死了威廉·奥斯勒。'"不管詹姆斯·宁德是怎样死的，可以肯定他的死亡出乎意料：没有立遗嘱，他的亲人不能继承他的财产。也许，冥冥之中，善恶有偿。

其后几年，宁德家族试图找出詹姆斯的死亡原因及其遗产归属，但并未发现房契、船只，也查不出他的死因。而谣言从未间断，人们一直想找回他那些遗失的财产。1921年，一个拼凑的故事出现在美国的报纸上，

---

① 即今斯里兰卡。

题名为"未解之谜"。文章推测詹姆斯·宁德去了美洲，而非锡兰，同行的还有他的弟弟威廉，他用假名在南美洲积累了大量财富。"可以猜测，詹姆斯·宁德在纽约居留数年之后，去了南美的一个共和国……积累了巨额财富，与绝大多数盎格鲁-撒克逊的冒险家在世界各地的经历并无二致。这些国家动荡不安，要重新收回宁德的财产会遇到许多阻碍。"

这完全没有意义——德克萨斯州《加尔维斯顿每日新闻》的这篇报道与其说是揭露事实，不如说是混淆事实——但是，上了报纸这个事实增加了它的可信度。科茨沃尔德村里谣言四起，又销声匿迹，甚至有人暗示这是场阴谋："很明显，除了宁德的财产，有人还对其他东西感兴趣……"确实，这一桩家族阴谋会在下一代中继续上演，活像康拉德或者狄更斯写的小说。

詹姆斯的侄子，名字也叫詹姆斯，是我的高外祖父，他的父亲叫艾萨克·宁德，也是十三个孩子中的一个，生于1824年，是特雷丁顿的一个乡绅。作为活下来的长子，他继承了大笔财产：他的父亲拥有两百公顷土地，雇了四个人，另外还有六个仆人。1850年，他二十五岁时，这个金发、英俊的年轻人跟随他叔叔的脚步离开了英国。就他的情况而言，可以肯定他去美国显然是被美好的生活愿景所吸引。

但詹姆斯离开家乡还有另一个原因。在那个夏天，邻村哥特灵顿一个二十一岁的女孩索菲亚·克拉克给他生了一个私生女，取名罗莎。根据记载，罗莎在海上出生，这多少有些令人费解，难道索菲亚和詹姆斯一起去了美洲，后来又决定回来了？当被问及她的祖父时，祖母只会说："有个年轻人被送往美洲，是为了重新开始。"

尽管詹姆斯已经在美国生活并组建了家庭——他的两个姨妈多卡斯和茱蒂丝几年前就已移居美国——但离开科茨沃尔德的富饶土地，前往尚未被开发的广袤大洲，一定感觉反差巨大。这也许就是他定居纽约州阿迪伦达克（Adirondacks）山麓地带洛维尔山村的原因，因为这里让他想起家乡：这是一个农业发达的村庄，就像邻近的马萨诸塞州一样。就在詹姆斯到来的那一年，马萨诸塞州的梅尔维尔正在写作《白鲸》。1859年，詹姆斯的姐姐玛丽·安和丈夫约翰·弗里曼来看望他，那时，詹姆斯已经结婚并育有一对双胞胎。那一年他受报纸报道的诱惑，声称自己计划去加利福尼亚金矿区淘金。《布法罗报》称，只要探金者投资五十美元，十二个月之内就能获得一百倍的回报。玛丽·安起初准备与他同去，但由于临产最终没有成行。

幸好她没有去。人们最后得到詹姆斯一家的消息来自爱荷华州达文波特市，他们在那里随马车队西进。十九世纪四十年代至六十年代，四十万人去往西部遥远的太平洋沿岸，这是一次史无前例的世界人口大迁徙：摩门教徒、矿工、农民，千千万万的家庭上路寻求财富、宗教信仰自由或任何一种新生活。这趟耗时半年的旅程危险丛生。美洲的原住民尚未宣示对这片土地的所有权，人们驾着牛车穿过广袤的平原，越过大盐湖①，跨过群山——在这些山脉中，唐纳队②曾陷入绝望而同类相食。移民大批拥来，他们拥有改变环境的力量，尤其是猎捕北美野牛——移民几乎将北美野牛猎杀殆尽。

詹姆斯和家人乘草原篷车穿越了大平原和那无边无际的草海吗？我曾参观过这些地方，至于我的祖先是否成功穿越了那些地方，我无从知晓。

---

① 美国犹他州西北部的浅盐水湖。

② 唐纳队（Donner Party），一群在1846年春季由美国东部出发，预计前往加州的移民队伍。由于错误的资讯，他们的旅程延迟，导致他们在1846年末至1847年初之间受困在内华达山区度过寒冬。在恶劣的环境下，接近半数成员冻死或饿死，部分人依靠食人存活下来。

那是我去过的离海洋最遥远的地方。我记得在内布拉斯加州雷德克劳德市郊的一个露天公共泳池游过泳，泳池就像是一小块天空落在大地上。我确切地知道，詹姆斯给他的姐姐玛丽·安写了一封信，寄回东部，但是信件内容只能在安的间接记录中找到。"马车队能穿越大草原，"她写道，"他们把马车围成圈扎营，把孩子们放在马车下面。"他们在那里运气糟透了，两个孩子都被毒蛇咬伤，不久便死去了。詹姆斯还提到，他的妻子也生了病。那就是信中所有内容，除了他最后一句话回荡在空中："我不知道。"

詹姆斯从未到达目的地。也许，夫妻二人都病逝了。当时，霍乱在迁徙的人群中蔓延开来。"飘忽不定的毁灭者在营地肆虐。"当时的一个移民写道。或者就像家族传说中所言，他是被美洲印第安人杀死的。这个说法并非凭空捏造，造成穿越美洲原住民地区的移民死亡的第二大原因就是来自印第安人的袭击。詹姆斯沙黄色的头发可是一件很好的战利品。

我不敢相信自己是这些传奇祖先的后代，也无法想象他们所经历、所遭受的事情。他们的故事远非家庭相册中那些灰褐色的黯淡影像所能表述。这些照片比那些在藤架花园和海边散步时随意拍摄的照片要早，它们的"画"外之意却要丰富得多。詹姆斯的姐姐玛丽·安和他们的兄弟威廉（当时也跟随他们来到了美洲）应该过上了更为平静的生活，他们住在布法罗和尼亚加拉瀑布以南、伊利湖岸边的几座小城镇里。对他们来说，离开英国仍然是一段冒险之旅：玛丽·安回忆起从利物浦出发后，遇见一艘着火的船，但她那艘船的船长并未停下救援，尽管按照海洋法的要求，他们本应该去救火。

回到格洛斯特郡后，索菲亚结了两次婚，每次都嫁给了和她同一教区的男人。她仅有一张保存至今的锡版照片：穿着一身印花长裙，面容已见衰老。她的脸庞显得坚毅，颧骨很高，站姿笔挺。她长得和我母亲很像，都有一头红发；从她的眼神中不难读出她经历的生活。在宁德家族的帮助下，索菲亚把女儿带大了。宁德家族把罗莎当成家庭一员看待。罗莎十几岁时，成了普利茅斯一个海军家庭的保姆。后来她结婚成家，并生下了我的外祖母；她穿着衬架裙，衣服合身、体面。然而，直到她1920年去世，在每一次人口普查中，她都说自己是在大海上出生的，仿佛想掩盖作为私生女的耻辱。

和母系家族一样，我父亲的家族也曾越洋过海，他们也卷入了那个时代的移民大潮中。我的曾祖父1856年生于都柏林城外的布兰查兹敦村。他的名字取自圣人帕特里克，后者把基督教传入爱尔兰，把蛇赶到海里。

当时的爱尔兰还没从大饥荒①的影响中恢复，这也是他十九世纪七十年代离家前往利物浦的原因。在利奇菲尔德（Lichfield）安定下来后，他娶了一个英格兰姑娘。她是一个家庭女佣，而他给这个家庭当车夫。这对夫妇后来搬到了以前惠特比（Whitby）的捕鲸港口，我祖父1885年出生在这里。一个世纪前，就在惠特比一条街道的尽头，詹姆斯·库克船长的"奋进号"建造了出来。

我的父亲是长子，他这个深色头发、相貌英俊的年轻小伙子，为了寻求新的生活，在二十世纪三十年代离开北方萧条的家乡去了南安普敦。他1915年生于索尔泰尔市（Saltaire）典型的工业区，但在布拉德福德②长大。他的南下之旅与宁德家族的远行相当，都是大事件、灾难和机遇的结果。后来，他曾谈到在自己家乡见证的生活匮乏：饥饿的家庭为了争夺食物相互打斗，大街上老鼠四处乱窜，不毛之地的屋子里有人上吊。

也许这就是我父亲后来毅然选择了平凡有序的生活的原因。他在一家电缆工厂工作了四十年，这家工厂建在码头和老镇城墙之间，是一栋红砖砌成的建筑，距离他首次到达这里的车站只有一百码远。每天的同一时间，我母亲向他挥手告别。每天的同一时间，他回家喝茶。他仿佛是掐着表进出家门，中间这段时间他在干些什么，简直是一个谜。他很少谈及自己的工作，我们也很少问他。

那年夏天，我离校后进了同一家工厂上班。我做钳工助手，工作要求必须穿灰白色工装裤，随着带我的钳工做各种活儿，没有一件活儿我

---

① 爱尔兰大饥荒，发生于1845年至1850年间。造成饥荒的主要原因是马铃薯感染晚疫病，腐烂继而歉收。在五年的时间内，英国统治下的爱尔兰人口锐减了将近四分之一；除了饿死、病死者，还有约一百万爱尔兰人因饥荒而移居海外。

② 布拉德福德（Bradford），位于英格兰西约克郡，曾是英国毛纺织工业中心。

能做下来。每天我们出发上班或下班前进车间时，衣服都沾满污渍，看上去就是忙得一塌糊涂的样子，我会抬头望着上方的玻璃窗，父亲和他的同事们正在上面那层工作。他们穿着洁白的外套，和我们这些穿着油腻工装裤的人区别明显，他们好像都戴着护目镜，上面有国民保健的标志；其他的一切都是无用的虚饰。

我们头顶上方灯火通明，我能瞥见父亲几眼，其他人也一样能看到，他与其说是我父亲，不如说更像个普通的陌生人，他拿着图表、刻度盘和几米长的电阻，站在上方的测试部，专注地测试者六英寸长的电缆。这些电缆绕在巨型木桶上，裹着黄色漆皮，在海底铺展开，两端分别固定在英国和美国。

父亲的照片仍然摆在母亲的卧室里，我看着相框里的他，意识到自己已经变得多么像他——从他站在海边悬崖上时穿的短裤和挎的背包，到他对大海的热爱，他举着沉重的双筒望远镜凝望大海，深深呼吸，仿佛是要清洗满是布拉德福德煤灰的肺。我们有着同样的外表，皮肤下有着同样的骨骼；我过去是怎样的人，将来又会变成什么样？我怎么会认为自己是不同的呢？

最近，我回了趟约克郡。这是段漫长的旅程，每一站都有自己的故事。黎明，在市郊的火车上，工人们睡眼惺忪，身上满是灰尘，嘴里面牙膏都未漱净。在高峰时段的通勤列车上，满是敲击笔记本电脑键盘的噼里啪啦声和夺人注意力的手机聊天声。中午的火车上，有许多悠闲的老人，学生们自得其乐，沉浸在梦幻的电子世界里。最终，下午的班车上坐满了放学回家的孩子，他们大叫大笑，躲避前来检票的售票员；继而在下一站溜下车，在站台上散开，消失，和他们出现时一样迅速。我们快到达北方这片荒芜而又富庶的土地了，我透过车窗往外看时深感震惊，这里已经面目全非，坍塌的烟囱唤起我的回忆，如同大学里的尖塔唤起学子们的回忆。有那么几秒钟，我看到这个镇子沉浸在硫黄的味道中，它的名字将我带回了孩提时代——布拉德福德中转站——而此时，四十年过去了，我坐在现代交通工具里，听着父亲从未听到过的语言。

我本可能成为父亲那样的人。我还是个孩子时，从没见过异乡人——除了在镜子里，我自己装扮成北美印第安人的样子。我全家从未出过国；尽管我生在港口，也只能在书本里漫游旅行。被遗弃是我们最初的恐惧，也是最后的恐惧。我们离开家是为了找到家，为此甘冒永远迷失的危险。

第二章
纯白之海

一只乌鸦飞来，

落在上帝耳旁，

捎回了战况。

——W.G. 塞巴尔德，《12,点的时间信号》

　　我站在索伦特海峡的另一面，脚下四百英尺处是缓缓流动的海水。从这个高度向下看，海水变得抽象了，水声也听不到了。我所站立的这片陡峭的白垩崖就像是英格兰版图上一个耀眼的终点。这些白色的峭壁四处反射光芒，让人睁不开眼。悬崖下的海水也被这反射出的白光照亮，就像拉斐尔前派画家惯常在画布上用铅白颜料打的底色一样。就像那些超现实场景一样，这画面令人晕眩。每处细节都饱满鲜明，看上去竟有些虚幻之感。草地上散落着粉色、蓝色、黄色的野花。一切似乎都被抹净了，同时色彩又无比鲜艳。白色的海鸥对我视若无睹，在我眼前滑翔而过。

　　我没想到今天会来这里。我逃了一天的课，把自行车运上火车，这节车厢堆满了自行车，链条沾满机油，车架溅满泥浆。我摊开皱巴巴的地图，开始计划我的大海之旅——却只看到地图上标示的好多机器制造厂。我正琢磨怎么办时，无意中听到一群年轻的德国学生在讨论他们去怀特岛的旅行，于是我干脆买了和他们一样的车票。我在布洛肯赫斯特（Brockenhurst）换乘了一辆穿越森林的短程火车，铁轨两侧绵延着簇簇凤尾草。火车一直开到了利明顿（Lymington）轮渡码头，我准备乘轮渡穿越海峡。

在春光明媚的清晨，渡口的往来交通异常繁忙：停在渡口的豪华游轮开往索伦特海峡，而此时，第一批迁徙的春燕也从非洲大陆飞回来了。当轮船缓缓驶入海峡时，我俯身往两岸的盐沼看去。鸟儿们沉醉在春日里，一边觅食一边求偶。一切都充满了勃勃的生机，仿佛冲破了严冬的牢笼终见天日。我回想起儿时到这座小岛游玩的经历，记得当时父亲打趣说为我们准备好了乘坐轮渡所需的护照。我们住在考斯城外农庄的一间小屋里。小屋由火车车厢改造而成，那简直就像在罐头盒里待了两个星期，我们住的车厢就是卧室，弧形天花板压得很低。到了晚上，飞蛾围拢在闪着微弱灯火的煤气灯罩边，室外蝙蝠飞来飞去，我们在郊区从未见过这样的夜晚景象。

岛名的来源众说纷纭。其中，古英语的"wiht"可能与德语词源中"小精灵"或"小女儿"有关系，也可能指"从海面升起"，在古罗马时期，这座岛叫作"vectis"，意为"杠杆"。尽管上述说法均无定论，但岛名似乎表明这座岛屿自大陆分离，然后从海上升起，成为英格兰的脊状隆起白垩地带的终点，或者说是起始点。冰川时代后，索伦特河抬升，形成了这个岛；人们在海床上发现了已经形成硅化木的树桩，又发掘出欧洲野牛与猛犸象的骨骼化石。现在，这座小岛矗立在大不列颠岛与欧洲大陆之间，就像是英格兰风格的最后一片遗迹；沃尔特·德拉梅尔[①]

---

① 沃尔特·德拉梅尔（Walter de la Mare，1873—1956），英国作家。他的诗歌和小说作品想象力丰富，饱含各种奇思妙想，营造出一种梦境般的感觉。

在《沙漠之岛》（*Desert Islands*）中古怪的文章里，把这座岛视作一块门垫，"英国人回家看到就备感亲切"。岛上的巨兽和巨石已被奶牛和小屋取代，但这种温婉可人的气质不过是表面罢了。就像所有的岛屿一样，这里仍旧是一片蛮荒之地，处处充满了野性的力量。

小岛离大陆上的利明顿最近，只有三英里；但是狭窄的水道引起的海水暴涨足以震慑最有经验的水手。我站在轮渡顶层甲板的有利位置上，呼啸的狂风掀起我的帽子，逼我戴上五指手套。我望着通向小岛之路的西端，那里地势升高，白垩岩石崩解碎落，掉入海中。

斜坡一直延伸到雅茅斯（Yarmouth），我就像刚从卡车上放出来的绵羊一般，悠闲地游荡着。我沿着低矮的河谷骑行，河谷把怀特岛船尖形的西部与岛屿的其他部分隔开，岛屿的西部直指大西洋的方向。我的1950年版《沃德洛克旅游指南》——红布面，介绍的景点六十年来几乎没变化——告诉我"一旦遇上暴风雨，海水就会漫过狭窄的分水岭，咸涩的海水会混入河流的水源"。岛上的居民没有加固分水岭，而是尽力垫高河口。在更早的1856年版《指南》中，曾任教师的威廉·达文波特·亚当斯（William Davenport Adams）注意到，海岸边的碎石滩范围"之前很小；因此在爱德华一世统治期间，岛民曾提出切断地峡，敌军来犯时，这就是一道几乎无法攻破的防线"。在这块与世隔绝的楔形陆地上，人们甚至想拥有独立的政治地位，成为岛中之岛的"淡水岛"。然而，怀特岛也一直不乐意与英格兰其他部分连接起来：既然摆脱了锚链的束缚，为什么不自由自在地航行呢？

我游泳离开淡水湾，抬头能看见阿尔比恩酒店，亚当斯就是从这里出发旅行的。1950年版《指南》上写道："尽管海岸满是大大小小的鹅卵石和礁石，海水浴的感觉却很好。海上风平浪静，碧空如洗。在海上划

船通常很安全，但不管航程长短，船上都应该有一个熟悉海岸情况的人。"
海水很咸，浮力很大。我满心期待，又有所忌惮。地平线上只有钢铁般
严峻的大海，没有人栖身之所。我的四周漂浮着旧塑料浮子，浮子下
方拴着捕虾笼。悬崖耸立，松软的白垩岩里嵌着燧石，像是奶油杏仁
糖里点缀的几颗果仁。灰白色的卵石差不多有网球那么大，在我的脚
下滚动着。海水很冷，我只游了一小会儿；按理说也足以洗清我的罪
恶了。

　　我拢着茶杯暖手，正想走呢，那群德国学生就来了。其中一人跳到
长廊的栏杆上，杂耍似地挑战自身的重力，单手倒立了一刹那。另一个
急忙穿上了游泳短裤，戴上深色潜水镜，大跨步冲进海水中。他径直向
前游，毫不顾忌布满海草的岩礁。到达预定地点后——他的线路不妨说
是公共泳池的线路——他游了回来，接受同伴们的热烈鼓掌。

　　一阵活泼的泳技展示后，这群学生收拾东西离开了。在他们的鼓励
下，我壮着胆重新跃入水中，沿着那个男孩游过的路线游起来。我一边游，
一边小心避开那些岩礁。就在这时，一艘涂深色漆的双桅船开进了海湾，
径直向我驶来。船上有一个长发男人——他可能是《指南》里推荐的很

有帮助的当地人——和一位斜靠在船侧的年轻些的女士对我大喊："你疯了吗？"

她提着一个蓝色的塑料桶上了岸，桶里有很多滑溜溜的鱼在不停挣扎：牙鳕、鲶鱼和其他黏糊糊的褐色鱼类。有一个男人和他的幼子走过来往桶里瞧，年轻女士很热心地介绍说，与往年这个时候相比，海水升高了两度，本不应该在这里出现的鱼也出现了。我问他们是否在附近看到过海豚。她等着船长回答，船长说看见过，就在几英里外。

亚当斯先生也给了我确认："海豚偶尔小规模地经过南方海岸。"这里还有更大的鲸类出没过。1758年，一艘皇家海军舰艇捕获了一头六十六英尺长的长须鲸，它被发现时漂浮在海上，已经死了。人们把它丢弃在尼德尔斯（Needles），它从那儿一直被海浪冲到了后来叫作鲸脊谷（Whale Chine）的地方。又过了一个世纪，直到1842年，另一头长须鲸才在丁尼生高地（Tennyson Down）的峡角下出现；它在布莱克冈峡谷（Blackgang Chine）附近的游乐场里死去，骨架搭成带篷的洞穴式购物市场，市场中售卖盘子、篮子、相片、贝壳和玻璃灯塔，灯塔装满了从阿伦海湾（Alum Bay）运来的彩色沙粒，长须鲸空荡荡的上下颌正对着

窗口和远方的大海，显得凄凉而落寞。我很小的时候去过那里，当时市场还在，不过我记得自己对外面的小矮人石像和毒蘑菇更感兴趣。

离开海滩后，我转向内陆，在丘陵山下经过两幢正对海湾的别墅——这种海边别墅提供住宿和早餐，床上铺着涤纶印花棉布，卫生间破破烂烂；但有雉堞的塔楼和凸窗讲述着不同的故事。

丁波拉旅馆（Dimbola Lodge）过去曾是朱莉亚·玛格丽特·卡梅隆[①]的家。卡梅隆夫人戴着紫色涡纹图案披巾，双手被硝酸银染得"像埃塞俄比亚女王一样黑"，她在塔楼上俯瞰街道的景象，受此启发，在自己的温室里创造了很多摄影作品，就像"丁波拉旅馆"这个外来语所暗示的那样，她也是一个流浪者，一只被风吹落到岛岸上的异域禽鸟。

卡梅隆夫人1815年出生于印度加尔各答。她娘家的姓氏"帕特尔"与印度语中的"佩特尔"接近，这表明卡梅隆夫人可能有亚洲血统，从她宽阔的前额和"本地治理[②]人的眼睛"也可以看出这一点，她的侄孙女瓦妮莎·贝尔（Vanessa Bell）和弗吉尼亚·伍尔芙（Virginia Woolf）身上也能看到同样的特征。

她丈夫查尔斯比她大二十岁，年轻时就深深爱上了锡兰，并且经常回到这里。他们在淡水岛的房子是以家族咖啡种植园的名字命名的，印度风格的哥特式拱门则表现出次大陆的风格。

朱莉亚从丁波拉寄给查尔斯的信中曾用奇幻的对比诱使他回来。"如今，这座岛的富裕程度与你的锡兰相比有过之而无不及。"仿佛西怀特岛突然之间被奇迹般地挪到了印度洋上——起码在她的想象之中，她在信

---

① 朱莉亚·玛格丽特·卡梅隆（Julia Margaret Cameron，1815—1879），英国摄影师，以拍摄抓住模特个性的柔焦人物像著称。她还拍摄带有寓言或宗教意义的舞台照片，风格类似前拉斐尔画派。

② 位于印度南部的城市。

中写道，"宽广的丘陵上长满了荆豆花，花下面是盛放的蓝色风信子，整个山谷看起来仿佛'碧空落在大地上'……这里绿树成荫，与滨海其他地方相比，植物更为繁茂浓密，并且，阿尔弗雷德·丁尼生[①]对此地树林的歌咏会满足任何一名守林人的遐想。"

在这里，卡梅隆夫人追求着她的艺术。尽管她的摄影作品中只展示出了几张人脸，但四周的白垩丘陵与广袤的海洋使人眼前一亮。这些照片有着不断变化的焦点和深度，飘动的披肩和散发象征着水下的场景。他们处于自己的世界之中，比在肖像中更活灵活现。她在从伦敦南下的路上，会在布洛肯赫斯特换乘火车，她拍摄的达尔文、布朗宁、丁尼生和其他人的照片仍然挂在那里的售票厅里，上面有她题写的深褐色铭文：

　　我们这个时代的伟人的画廊，为纪念与在锡兰阔别四年之久的儿子在此相逢，谨献给此售票厅。卡梅隆夫人，1871年11月11日。

她本人肯定是一个生机勃勃的旅伴。亨利·阿林厄姆[②]在火车站遇见过她，她在周围满是照片的车厢里喋喋不休地说着什么，有种女王气质。"我想给丁尼生拍一幅大型肖像，他竟然拒绝了我！还说我盗用了他的名声。还有卡莱尔，拒绝请我入座，说这是种可怕的景象！约翰·赫谢尔爵士、亨利·泰勒、沃茨这些当代最伟大的人物（特别加强了语气），说我神化了他们——他们究竟要怎样，嗯？"

----

　　① 阿尔弗雷德·丁尼生（Alfred Tennyson，1809—1892），维多利亚时代的英国桂冠诗人，也是英国文学史上最负盛名的诗人之一。

　　② 亨利·阿林厄姆（Henry Allingham，1896—2009），吉尼斯世界纪录认定的前世界最长寿男性。

　　朱莉亚在这个小岛上主导着一个没什么希望的波西米亚主义复兴运动。一位游客抱怨道："每个人不是天才，就是画家，要么就有特异的才能，难道就没一个普通人吗？"舞会、戏剧，淡水岛上的表演永不谢幕，而丁波拉就是这个舞台的入口。岛上有很多偏爱文艺的人，有位作家将这里比作"伯里克利时代的雅典，维多利亚女王统治下的名门显贵都对此地趋之若鹜"；还有一位作家认为这里的社会形态更接近于法国的沙龙文化，而不是英国式的集会。

　　很难想象，这座沉睡的村庄竟会呈现出如此的美。我推着自行车往山上走，将怪异的丁波拉抛诸身后，差点不小心撞上一只飞到我脚边的云雀。这座岛屿耸峙在我面前，就像亚当斯描述的一样，我被这种崇高感迷住了。"巨大的悬崖如同耸立在大海上的壁垒。啊，这真是一道强大的阻碍！但在大海的攻击下，它也不是固若金汤的。巨崖闪光的表面上嵌着平行排布的深色燧石，从云雾缭绕的山脊到平整的山脚，燧石都刻下了痕迹，巨大的洞穴穿透了巨崖的深处。岩石坠下，四分五裂，这景象壮观而可怖。宽广的峡谷发出叹息。"

此地环境惊险得令人屏息，就像朱莉亚的业余戏剧表演中的景象：瓷青色的大海，发出绿光的悬崖，太阳在不断变幻的云幕间升起又落下；在维多利亚时代风格的舞台上，化浓妆的埃德加可能正告诉盲父格罗斯特："俯瞰身下，多么让人恐惧和晕眩啊！"就是这样一个地方，每个造访这里的生物都利用过它，也塑造过它。这里的草皮就像修剪过的滚木球草场一样，这都是兔子的功劳，松软的白垩土下到处是兔窟。紫罗兰和龙胆如同紫色的星星一样散在草丛里。这里也有大自然粗粝的一面，一只栖息在边缘角落里的乌鸦嘶哑地叫着，却被一只体型更小巧的鸟雀抢了镜头：那是一只麦穗鹎，刚刚从世界另一头迁徙而来。

麦穗鹎是学名，它还有一个很可爱的名字，叫"白尾巴"，这个名字源自古英语。它在生物分类学中的拉丁名Oenanthe可以追溯至古希腊语的"葡萄酒花"，因为它从非洲飞到南欧的季节正是葡萄开花的时节。这些北方麦穗鹎尽管体重只有二十五克左右，却是完成了最伟大迁徙的鸣禽，从南非到阿拉斯加，其迁徙路程长达一万八千英里。那些在英国南部着陆的麦穗鹎会选择在这里筑巢，使用那些废弃的洞穴。

在地陷形成的山洞中，我爬到了一处更为有利的观察位置。这些鸟真是优雅异常。我盯着一只正在悬崖上跳来跳去的雄鸟。它蓝灰色的背部让我想起了禁卫军的大衣，灰白色的腹部染上一抹引人注目的桃红色，眼睛周围有黑色的斑纹，如同戴着法老的面具。它站在一处露出地表的白垩岩上，腿很长，显得骄傲而警觉；飞掠而过时如同一道光，炫耀着自己的白尾巴。尽管它们忠实于这块高地——飞行上万英里后到达的怡人栖息地，但这里对它们的祖先而言却是致命的选择，它们不远万里来到这里，沦为人类的盘中餐。

根据十八世纪七十年代吉尔伯特·怀特[①]的记载，麦穗鹀（作为一个受人尊敬的牧师，他注定要用"麦穗鹀"这个更体面的名字）是"一道上等佳肴"。"在割麦时节，人们大量捕鸟，卖到布莱顿和坦布里奇等地；这些鸟出现在贵族的餐桌上，是招待贵宾的佳品。"

为供应这种精细的小食，牧人们每年夏天都离开他们的羊群——雇主对此可不乐意——在7月25日圣詹姆斯节这一天，设置陷阱捕鸟。在怀特之后二十年，托马斯·贝维克[②]用他北方人特有的严肃提及"白尾巴"，他写道，那些陷阱由马毛做成，藏在草皮下。他估计每年仅在伊斯特本（Eastbourne）一地，就有"约两万四千只"麦穗鹀被人捕获，在伦敦以一打六便士的价格出售。"那里的人们认为……它们不比蒿雀差。"蒿雀是一种小型鸟雀，法国人过去、现在一直食用蒿雀（一只被捕获的蒿雀被挖掉眼睛，强行喂食燕麦，随后浸泡在白兰地里，人们连喙生吞下去；鸟身上盖着餐布，在上帝的注视下，人们借此遮掩这罪行）。1825年，《野蛮与文明共存状态下的人类》（*Man in a Savage and Civilized State*）的作者玛丽·特里默（Mary Trimmer）校订了贝维克的书，冷静地从章节标题里删去了"白尾巴"一词，并补充说"他们是非常胆小的鸟，即使是云的移动……也会驱使它们落入陷阱"。她还提到，一个牧人一天就能逮到一千多只这种鸟。

在布莱顿（Brighton）和坦布里奇韦尔斯（Tunbridge Wells）的酒吧里吃得脑满肠肥的人们，其实和麦穗鹀一样是随季节迁徙的。难怪怀特

---

① 吉尔伯特·怀特（Gilbert White，1720—1793），英国牧师，著有《塞尔伯恩博物志》（*Natural History*），也因此被称为英国第一位生态学家。

② 托马斯·贝维克（Thomas Bewick，1753—1828），英国雕刻家，自然历史作家。

牧师说，"大概在米迦勒节①前后，它们会飞走，直到三月才能再次见到它们。"然而，怀特并不知道它们去了哪里。

麦穗鸰

尽管麦穗鸰可能会受到流云的惊吓，但它们其实很勇敢，常常跳跃着来到我的脚边。德里克·贾曼②在邓杰内斯角（Dungeness）退隐后，常在焦油般漆黑的"愿景小屋"附近散步，为朋友们搜集圣石，给他们戴在脖子上，好像这样就能免受附近核反应堆的侵害。"麦穗鸰势利地'咄咄'叫着。"丁尼生穿着军官斗篷，戴着宽檐帽，留着络腮胡，把自己封闭在岛上的高地时，却听到了不同的意味——

麦穗鸰们喁喁私语：

那些人在说些什么？他们在那儿干什么？

丁尼生1809年生于林肯郡。"在识字之前，"他回忆道，"我喜欢在暴

---

① 米迦勒节，9月29日，英国四大宗教节日之一。
② 德里克·贾曼（Derek Jarman，1942—1994），英国导演、诗人、画家、植物学家和同性恋权利活动家。

风雨中展开双臂，迎着风，大喊：'我听到了！风中有声音！'"在我们这个科学和工业的时代，他是难得能与自然和谐相处的诗人。那是一个狂野、神启的时代，到处都是女基督和千禧年信徒[①]，到处都是进化论者和工业革新者；同时，既有因相信神话和必死的命运而追溯过去的人，也有向未来进军的人。

丁尼生最著名的作品《悼念》（*In Memoriam*）是为了纪念他年轻的朋友亚瑟·哈兰姆（Arthur Hallam）而写的，哈兰姆二十二岁时死于突发脑溢血。丁尼生与他曾有过一段"深厚的情谊"——

逝去的人啊，请原谅我的悲痛，

主啊，您将他创造得多么完美！

这本诗集在1850年出版时，许多读者认为这些诗句出自女性之手。对丁尼生来说，哈兰姆已经和托马斯·马洛里（Thomas Malory）爵士《亚瑟王之死》（*Morte d'Arthur*）一诗中的英雄合二为一了，而这首诗也是丁尼生《国王之歌》的灵感来源，其后，朱莉亚·玛格丽特·卡梅隆在她的梦幻影集里又再度追忆这首诗。他们笔下的怀特岛是一个新的阿尔比恩[②]，四周环绕着白色的峭壁，这里的丘陵与海滩集中体现出英格兰的典型风貌。毕竟，整个王国始于英格兰南部那块银白色的土

---

① 千禧年信徒是指一些信仰将来会有一个黄金时代的基督教徒。他们相信，在那一时代全球和平，地球将变为天堂。人类将繁荣，实现大一统时代以及"基督统治世界"。他们认为千禧年是人类倒数第二个世代，即世界末日来临前的最后一个世代。

② 阿尔比恩（Albion），指英格兰或不列颠，源自希腊人、罗马人对该地的雅称。

地，这座岛如同里昂尼斯^①一样漂浮在英吉利海峡上，传说亚瑟王就死于这神奇之地。在离淡水岛几英里远的地方，维多利亚女王生活在奥斯伯恩堡里，她的一位王子因伤寒病逝。她宣称，除《圣经》外，《悼念》诗集是她最喜欢的文学作品。

然而，丁尼生的传奇情感并不像人们想象的那样。他的诗句表达了达尔文的发现对于古老必然性的颠覆：

尽管自然的爪牙染满了血，

叫喊着反对他的教义。

人们以往对于自然的认知被彻底颠覆了。1844年，罗伯特·钱伯斯（Robert Chambers）匿名发表了《创造物自然史的遗迹》（*Vestiges of the Natural History of Creation*），提出"物种演变"的观点并引起轰动。人们一下子就接受了这本书中的观点，尤其是丁尼生，他认为这本书含有他本人作品中曾阐释过的理论观点，阿尔伯特亲王也同样热切，他曾为维多利亚女王大声朗读过此书。当丁尼生陷入《亚瑟王传奇诗集》（*Arthurian Idylls*）的创作时，达尔文正在同一座岛上的小旅社里写作《物种起源》。就在英格兰岛的外缘，整个世界的秩序被重新制定了。

丁尼生说："遥远的未来就是我一直所属的世界。"他在淡水岛上有座名叫法林福德的房子，就在这里他成了一位当代隐士，把朱莉亚·玛格丽特·卡梅隆为其所做的肖像更名为"肮脏的僧侣"。但他很快就意识到，自然并不能保护他，他不仅被树林、海边的桥墩以及乌鸦出没的山涧包围着，也被自己的思想拘囿着，如同落入陷阱的麦穗鹀一样，无法

---

① 神话中的传奇之地。

逃离他曾认为至高无上的万神殿。到1869年，前来观光的游客太多了，丁尼生因此离开法林福德去了萨里郡（Surrey）。二十年后，他在那儿得到消息：他的儿子从印度归来时不幸在海上遇难。

Alfred Tennyson.
from the photograph by Mrs Julia Margaret Cameron.

那时，他以前的邻居早就搬走了。许多年来，卡梅隆夫人一直在劝说那些重要人物留下传世的平板玻璃底片，但他们大多不领情。后来，朱莉亚和她多病的丈夫于1875年秋乘坐铁航公司的"默札珀尔号"（Mirzapore）游轮从南安普敦出发，去了锡兰。他们随身携带了棺木，与其他行李一起打包。因为他们知道，自己永远也不会再回来了。

他们在锡兰西海岸的卡鲁图拉（Kalutura）建造了自己的新家——一间小平房，墙上挂满了"华丽的照片"。一位名叫玛丽安·诺斯

（Marianne North）的访客记录道："其他人在桌子、椅子以及地板上大量潮湿的书籍之间匆忙穿梭，整间屋子很乱却也别致；卡梅隆女士头上戴着有花边的纱巾和徐徐飘动的装饰。她的奇特之处让人耳目一新。"朱莉亚拍摄过全英国那些伟大的传奇人物，她用同样的风格拍摄了当地的普通居民。但她在这座岛上新的田园牧歌——仿佛她最终完成了将淡水岛拖到印度洋上的壮举——转瞬即逝。四年后，他们搬到了努拉瓦·艾丽亚茶园（Nurawa Eliya）高处的一间房舍，此处后来被人称为"小英格兰"。朱莉亚临终前望着满天繁星，说出了最后一句话："多美呀！"

我继续往山上爬，不时得停下来休息——不是因为呼吸困难，而是因为这里的景色实在太让人惊异了。我身后是此生再熟悉不过的地形：不断抬升的同时不断被夷为平地，这是一幅蛮荒秘境的三维图景，从伯恩茅斯海滩到朴次茅斯高塔，沿东南方不断向伦敦延伸。

一切都是倾斜的，仿佛从一架摇晃的直升机上观望。悬崖底下，海面变得模糊，仿佛洒了浴盐。远处，宽阔的海面上波光粼粼，阳光闪耀恍若水银。巨大而缓慢的暗流在海面下无情地涌动，海面上荡起涟漪。默然沉静，却凶险异常。你肯定会认为此处必有可怕的声浪回荡，丁尼生称之为"无家可归的大海发出的悲吟"。那里也是我能抵达的尽头，再往前走就不得不跌下水了。突然，我的内心涌出一种无法言表的思乡之情，也许是因为我能看见自己的故乡了，那么近，又那么远。

此时，我终于能够感受到内心的宁静与祥和。

这里是威廉·达文波特·亚当斯心中的启蒙之地，他大声喊道："啊！从这险峻的海岬上看到如此辉煌的景象！广袤无边的英吉利海峡与远处深蓝色的天空奇异地融合在一起，当你转过身，瞧！在你身后是寂静的半岛平原，还有岛上的村庄、葱茏的山丘，以及幽静的农舍和溪流上的粼粼微波。"他大声呼喊着，声音回荡在久已逝去的风中。

终于，我到达了山顶，一座宏伟的花岗岩纪念碑从1897年起就耸立在此地。上面铭刻着这样的字句——

为纪念
阿尔弗雷德·丁尼生勋爵，
建此十字石碑。
一座为水手们引航的灯塔。
淡水岛上的居民与其他在英国和美洲的朋友们敬上。

同时，石碑底部有一个测距仪，腐蚀的铝板显示：如果我从这里沿正西南向航行，就可以到达亚速尔群岛。山下的世界在光线中变得朦胧暗淡，仿佛世间一切都在苍穹下消失蒸发了。有人用大小相同的白垩岩石块在草地上摆出清晰的"Google"字样。下次再来的时候，我相信，这个字可能会换成某对恋人的名字。

太阳下流云飞逝，在海面上投下阴影，形状如同一架架外缘蓬松的隐形轰炸机。阴影在水面下滑动，如同海底的岛屿。我从未如此深刻地认识到脚下这块临时陆地的意义，它是从英格兰腹地凿出的一处白色伤口，燧石穿针，用绿草缝合。

白垩岩炙伤了我的双眼。我躺在松软的草皮上，舒服得不得了。我清早爬山累坏了，晒着午后的太阳，我睡着了。骤然惊醒时惶惶不安，想不起自己在哪儿，也不知道睡过去多久了，然后我意识到自己并不是躺在家里的床上，而是身处五百英尺高的悬崖边缘。有人不赞同地说道：

"……真是太危险了……"有那么一刹那，我以为他们是在说我刚才在山崖上打盹的事，但声音很快飘过，我挣扎着爬起身。

我往前走，地上开始出现许多裂缝，岛越来越窄，海越来越宽。眼前一片苍茫，了无边际。我身心舒畅，释放自我。我看到1950年版的《指南》里严肃地警告读者："无论如何，请不要太接近悬崖边缘，这种无遮蔽的角落经常会有突如其来的狂风，可能引起难以预知的后果。"但现在，我走得太近了，甚至能听见母亲要我小心的叮嘱，看见父亲因为我胆大妄为而对我沉着脸。母亲为我担惊受怕，他也因此忧心忡忡。

这里的草地与白色的岩石截然分明，悬崖上的大石头随时可能崩塌，仿佛整个悬崖随时都会灰飞烟灭。诱人的狂风将我团团包围，我想知道那位桂冠诗人[①]与他的摄影师朋友[②]是否曾裹挟在这样的狂风中：飘飞的披肩、低顶宽边毡帽、印度围巾、红色天鹅绒连衣裙、玻璃板、手稿和笔记本，所有这些被风卷到一起，在崖边飘飘荡荡，仿佛要被掷下悬崖。至于我，不会有观众前来观看我最后的表演，只有无拘无束飞行着的一群群海鸟，我不由幻想自己如何坠落、如何飞翔，同样的恐惧心理让我对大海的理解更进了一步。我依赖着大海，而它们笃信天空。

我站在那里，听到一阵突如其来的嘶嘶声。一只乌鸦在上升气流中盘旋，离我非常近，我甚至能感受到它翅膀扇动引起的气流。它漆黑的身影在明晃晃的白光中穿行，游刃有余地在空中飞翔，看起来更像是一只猛禽，而不是一只普通的雀鸟。它灵巧地着陆，另外一只乌鸦来到它身边，它们在草皮里窜来窜去，眼光闪烁不定，它们焦虑又神秘。我由此认定，乌鸦是我钟爱的又一种动物。

---

① 指阿尔弗莱德·丁尼生。

② 指朱莉亚·玛格丽特·卡梅隆。

　　如果动物的大脑容量超过了其身体有效运转所需，额外部分就被称为脑指数，简称EQ。我们由此可以测算前脑容量，而前脑支配了动物的知觉、记忆和情感。在全球所有的鸦科动物中，乌鸦、喜鹊、白嘴鸦、松鸦和寒鸦的脑指数远超过其他鸟类。其中，渡鸦算得上是佼佼者，其大脑与身体的比例，只有灵长类动物与海豚、抹香鲸等齿鲸类动物能与之相比——尽管渡鸦大脑重量只有不到一盎司（约28.35克），而抹香鲸类大脑重达十八磅（约8165克）。

　　如果说在水生猿类进化成人类的过程中，大脑的发展得益于海洋食物提供的营养，那么乌鸦的智力就堪称惊人了——某些生物学家甚至将鸦科动物称作"长羽毛的猿类"。在漫长的科学史中，一个结论推导出另一个，事实与谬误处于无限循环之中，永无定论。生物学家贝恩德·海因里希（Bernd Heinrich）曾亲自饲养乌鸦以便就近研究，他写道："各自独立发展的进化过程衍生出主观的、个别的、难以定义的特质，这在某些种类的灵长类、鲸类，或者鸦科和鹦鹉科动物身上最为突出。"

小嘴鸦会把坚果丢在十字路口斑马线上让汽车压碎，等到红灯过后再将它叼回来；新苏格兰乌鸦会用树叶和树枝从洞中钓出食物；在伊索寓言《乌鸦与水罐》中，这样的洞察力和创造力也有所体现：口渴的乌鸦学会叼起鹅卵石扔进罐子，使水面升到可以够得着喝的高度。喜鹊能从镜子中认出自己，这表明它具备了自我认知能力；松鸡能清楚记得过去所发生的事情，"具体的事件、时间和地点"；白嘴鸦在争斗之后会安慰同伴，这与我们人类的同情心大抵相似。这些鸟类的合作行为显然并非出于某种本能。它们有着紧密的社会关系，会与生命中的伴侣和某种可认知的动物如人类建立更广泛的联系。这些机灵、狡猾、顽皮的动物，整个族群似乎商量好了，不让人类发现它们有多聪明——大概是害怕我们明白过来以后不知会发生什么。

尽管体型很大，渡鸦却是鸦科动物中最胆小的，枝条断裂声甚至流云都会让它们害怕。它们有时也互相欺骗，假装把食物埋在一个地方，转过头又偷偷地将它叼到别的地方。与其他动物不同，它们似乎有一种目不转睛的观察能力，能时刻注意同伴的一举一动，从而先发制人。这种"观察记忆"让它们能记得以前发生过的罪行，并预测重复这种罪行可能造成的后果。事实上，它们跟人类一样，也会撒谎；跟人类一样，也会表现出某种情感——尤其是恐惧。它们清楚地记得谁是它们的敌人，而它们的朋友寥寥无几。

渡鸦会协同作业，一只负责分散老鹰的注意力，另一只趁机溜到背后偷走老鹰的猎物。筑巢的渡鸦会从海鸟窝里偷走鸟蛋，给自己的雏鸦喂食。有时，这种关系也是互惠互利的：渡鸦发现腐尸后会发出叫声，引来狼或狐狸；而后，它们耐心等待狼或狐狸将尸体扯碎成几块，这样它们就能在这些哺乳动物的默许下大饱口福。渡鸦的这种才能使它们获得了

"狼鸟"的称呼；因纽特人也会跟随它们"鸣锣般的"叫声寻找猎物。

由于渡鸦这种贪婪的习性，人们认为渡鸦之名（raven）源于"ravenous"（贪得无厌）也就不足为奇了——从垃圾到狗屎，它们什么都吃。但事实上，尽管"渡鸦"一词来源于古法语"ravine"和更古老的拉丁语"rapere"（抢夺）——"rapacious"（贪婪的）和"rape"（掠夺）的词根都来源于此，而"rape"也指撕扯猎物的动作，可能就是用来描述这些鸦科动物的捕猎行为——但实际上，"rape"一词来自挪威语中的"hrafn"。渡鸦通过啄瞎猎物的双眼，能杀死海豹幼崽、驯鹿和羔羊。它们甚至被指控互相残杀。这些阴森的罪行透出哥特式的恐怖风格，但过去的人们并不认为它们是死亡和灾祸的预兆，反而视其为同伴，甚至当作造物主的化身；这些鸟是人类宗教的一部分。

我小时候参观伦敦塔时第一次看见乌鸦，它们拖着剪断了的翅膀潜伏在草丛中，人们圈养它们用来预警。创建了伦敦这个城市的罗马人相信，乌鸦能预示暴力、死亡和恶劣天气；它们还具有土星的某些特性，是厄运的先兆：一旦乌鸦离开巢穴，饥荒和灾祸就会尾随而来。

把人类的命运归咎于一只鸟，就像亚哈船长拼死追捕白鲸一样糟糕。同白鲸一样，乌鸦永远漂泊不定，随机应变。它们是基督教传说中的重要角色：第一个离开挪亚方舟寻找陆地和食物，"来来回回地飞行，直到洪水从大地上干涸退却"的，是乌鸦而不是鸽子；它们不仅能预示厄运，而且似乎本身就是圣人的仆从。约伯向来自怨自艾（"即使是小孩子们也都轻视我"[①]），他愁眉苦脸地抱怨道："当嗷嗷待哺的雏鸦们向上帝哭泣，因缺乏食物而四处徘徊时，谁会给它们提供食物？"乌鸦造访了藏身荒野中的先知以利亚，给他带来了面包和肉食，正如耶和华的应许："你

---

① 出自《旧约·约伯记》。

要从溪水中饮水；我已命乌鸦给你带去了食物。"由此，乌鸦在文艺复兴时期的艺术作品中重新出现，另外，它们也出现在玄学派诗人亨利·沃恩（Henry Vanghan）的诗句中：

> 这里的约伯于梦中斟酌沉思；
> 那里的以利亚由乌鸦提供食物。

基督教的第一位隐修士圣徒保罗就曾受到乌鸦的馈赠。保罗十五岁时为躲避迫害逃进埃及的荒野中，不料竟有众人尾随，荒漠由此成为一座悔罪者们的城市。这群沙漠教父施行了一系列极其严格的禁欲和节制措施，并由此出名。他们在野兽包围中和天使护卫下斋戒四十天，期间遇到了曾与基督搏斗的同一恶魔。沃尔特·德拉梅尔写道，第一批僧侣处于"亦真亦幻的朦胧状态之中"，他们连续禁食几周，甚至为了表现得比其他人更虔诚，他们会用铁链把自己锁在大地上。

如同海伦·瓦黛尔（Helen Waddell）在《野兽与圣徒》（*Beasts and Saints*）中所述——该书于1934年出版，附有罗伯特·吉宾斯（Robert Gibbings）创作的优雅版画——许多沙漠教父与动物建立起了异常亲密的关系。"摔跤手"圣马可将唾液吐在手指上，在土狼幼崽的眼睛上画了两道十字，这头土狼的先天失明就好了。圣帕科缪行走在群蛇与蝎子之间却安然无恙，并召唤鳄鱼将他摆渡到河对岸，"就像招手打车一样"。柱顶修士圣西蒙曾在柱子上生活了四十年之久，他从龙的眼中取出一棵树，龙出于感恩皈依基督教。这些善举唤起人们对伊甸园的向往，如同瓦黛尔在沉沦的时代写下的话："在世界遗忘了的第一个乐园中，没有任何的残酷行为……"

对这些故事的合理解释是：身处与世隔绝的环境，加之营养不良造成的"动物幻视"——一种让人看到想象中的动物的精神幻觉。然而，圣保罗就是以这样的神迹顽强生存的。他住在一个舒适的山洞中，穿着棕榈叶编织成的衣服，直到四十三岁之前，他都以同一棵树的果实为食。后来，一只乌鸦叼着半块面包来到他面前，他的食物才增多了——从此以后的六十年间，这一神迹每天重复着。乌鸦的寿命长达五十岁以上，不考虑其他因素的话，这一行为并未完全不可能。

另一位住在荒野中且"从不畏惧四周野兽"的九十岁高龄隐士安东尼拜访了仍以神圣面包为食的年老的圣保罗。那天，乌鸦给两位圣徒带

来了一整块面包供他们食用。委拉斯凯兹^①以超群的油画技法将"乌鸦供食"的惊人情景描绘出来：乌鸦从云层中飞出，冲下陡崖，飞向两位年老的隐士，乌鸦嘴里叼着一块好像百吉饼（面包圈）的东西。以面包和椰枣为食显然能延年益寿：多亏那只值得信赖的乌鸦，圣保罗活到了一百一十三岁。大约在公元345年，圣保罗逝世，安东尼——他享年一百零五岁——将其埋葬，墓穴由两头善良的狮子挖掘。委拉斯凯兹在同一作品的背景中描绘了这一临终场景。

相较于沙漠教父的故事，当今人类与动物的距离是多么遥远啊。古老的故事唤起这样一个时代：那时，飞禽走兽不只充当人类的劳役和食物，还代表了不可言状的奇迹和对上帝创世的恐惧。这就是为什么中世纪动物寓言集与预言书、宗教寓言很类似。故事中的岛屿原来是鲸鱼，独角兽可以判断少女的贞洁，鹈鹕拔出胸毛，用自己的血给雏鸟们喂食。在这些神话中，乌鸦的身影飞掠而过，从造物主和维系者变成了毁灭者，然后又变回来。圣保罗葬在荒漠后不久，被烤死的萨拉戈萨殉教者圣文森特的遗体曾由乌鸦保护免受食腐野兽的侵害。后来，六世纪著名的本笃会的创建人圣本尼迪克特被一只乌鸦救下。乌鸦叼走了圣人正要食用的有毒的面包片。

在基督教徒眼中，乌鸦代表着不朽的灵魂，有些人甚至能看见乌鸦黑色身躯上反射的太阳光辉，正如古罗马密特拉教徒把乌鸦当作"太阳的信使"一样。然而，在北欧地区的信仰中，乌鸦的名声可不怎么样。北欧神话中的主神奥丁脚下立着两头狼：贪婪者盖尔和暴食者弗雷克，

---

① 委拉斯凯兹（Diego Velázquez，1599—1660），西班牙画家，是南欧巴洛克绘画的代表人物。

它们为奥丁供应食物。奥丁的肩头栖息着两只乌鸦：沉思者胡格恩和记忆者穆宁，他们在奥丁耳旁窃窃私语，告诉他它们每天巡游世间看到的一切，它们偶尔还会啜食伤者的鲜血。它们帮助奥丁知晓世间的一切，并为其获得了"乌鸦之神"（Rafnagud）的称号；而醉心于掠夺战利品的凡间军队就是他的象征。迎风招展的军旗上绘有昭示战争的乌鸦。如果乌鸦耷拉着翅膀，则败局就依稀可见。如果胜利迫近，它就会展翅高飞，仿佛是在警示战败者们："这就是对你们的惩罚。"不久，敌人就会变成一堆腐尸，而现实世界中的乌鸦很快就会飞下来清理战场。

在海上，由于乌鸦在北部岛屿间往返飞行，挪威水手会把它们当作航标，以免在夏季星辰稀少的高纬度地区迷失方向。乌鸦被放飞到高空寻找陆地；如果找不到陆地，就会返回船上。在北方，森林和大海中的生物和谐共存，乌鸦、狼、鲸鱼、熊——它们的名字省略了内在的韵律，而它们被赋予了半人的特性。奥洛斯·马格努斯在其《北方民族史》（*History of the Northern Peoples*）一书中坚持认为：有一种"极度残暴的乌鸦，包括白色的那种"，生活在冰原上，常常"伸出利爪，当婴儿在摇篮里啼哭时，挖出他们的眼睛"。他还认为，乌鸦能发出六十四种不同的声音，例如，"咳啦、咳啦"意为"明天、明天"，"厄利特、厄利特"意为"应该如此、应该如此"，等等。不管它们说什么，你都不要相信。"乌鸦喋喋不休，咯咯地叫，尖声地叫，嘎嘎地叫，咕噜地叫，它们发出喘息声及其他各种声音，预言猛烈而可怕的狂风暴雨和其他灾难。"乌鸦天生就是骗子，总是大喊"狼来了"以欺骗众人。

随着基督教的普及，这些神话也融合进来。早期英国教堂的石质门廊上雕有一排排乌鸦的喙，提醒世人乌鸦是奥丁神的仆从，同时也警示世人维京侵略者的残暴习性。据说，他们会活剥基督教徒的皮，再钉到教堂的门上——钉入橡木的钉头下发现的人类组织碎片即是明证。（我的祖先可能就是这些侵略者中的一位：我母亲的红头发遗传自身为私生女的外祖母；另外，我的小拇指略有弯曲，是掌腱膜挛缩症所致，这表明我具有北欧血统。）在日耳曼语、挪威语和古英语的诗歌中，乌鸦和狼、鹰一样，是代表战争的动物，它们象征着死亡和毁灭。《布鲁南博尔之战》中记载道，弃尸"让黑羽、坚喙的乌鸦大快朵颐"；在《朱迪斯传》中，乌鸦是"嗜杀的鸟"，面对盛宴欢呼雀跃；在《芬斯博尔战役》中，"黝黑、黯淡"的乌鸦在倒下的英雄们的头顶盘旋。最初的盎格鲁-撒克逊人表达得更好，在头韵体的半行诗中着重强调了乌鸦身上怪诞的黑色。

黑暗时期诺森布里亚[①]的国王圣奥斯瓦尔德（St Oswald）的肖像中常会出现一只宠物乌鸦，这只乌鸦叼着他的戒指，飞往他想要迎娶的威赛克斯公主身旁。后来，这只乌鸦在主人死后完成了一项任务。公元642年，奥斯瓦尔德在战争中被杀，争夺麦西亚[②]的异教统治者彭达肢解了他的尸体。为了供奉奥丁神，彭达把奥斯瓦尔德的头颅、双手和胳膊悬挂在木桩上。然而事与愿违，这令人毛骨悚然的仪式反而让其对手的祭仪广布英格兰。奥斯瓦尔德的乌鸦叼着主人的胳膊飞到了一棵与伊格德拉修之树[③]相当的圣树上，神圣的泉水从地表涌出。一只胳膊落在了伊利，另一只落在彼得伯勒；后人为这位可敬的圣人入殓，将他的头颅和不朽的遗骸一起放入棺椁，安葬在达拉谟。他与那只乌鸦的关系堪称奇异。

僧侣们及其信奉的宗教神迹在当代虽已式微，但谁会不喜欢圣卡斯伯特（St Cuthbert）的传奇故事呢？单他的名字听起来就令人感到宽慰：

---

① 中世纪英国北部王国。
② 中世纪早期七国时代的七国之一，位于今英格兰中部。
③ 又称世界之树，北欧神话中连接天堂、大地、地狱的巨树。

那是属于北方的名字，意味着真实；他也是他那个时代最有权势的人物之一。圣卡斯伯特出生于公元634年，后被人收养，曾有一段时间在军队服役。公元651年，他入了圣职，一定程度上是由于奥斯瓦尔德的战败和主教伊旦的去世，他曾在幻象中看到伊旦的灵魂升入了天堂。

这个体格健壮的金发男人是"明显的左撇子"，他逐渐对鸟兽产生了强烈的热爱之情，他一生致力于在英格兰北部和苏格兰传教。为他做传的圣比德尊者记述道：非凡的传奇故事伴随了他一生。一次，卡斯伯特与他的弟兄们被风暴困在皮克特海滩上三天三夜，正当他们饥肠辘辘时，发现海滩上有三块海豚肉，可以捡回来烧着吃。（正巧，鲸类动物的肉在斋戒日也是可以放开吃的。鼠海豚的名字源于法语"porc-poisson"，意即"猪肉鱼"，诺曼人封其为皇家鱼，为教会和贵族专享。）还有一次，在苏格兰海岸边科尔丁汉姆（Coldingham）的大修道院里，卡斯伯特在晚上裸身走进水里向主祈祷。其后，很多北方僧侣也效仿他的"寒夜沉思"，以此度过漫漫长夜。有人还会经常凿开结冰的河面，步入水中。他的兄弟大声喊道："德克德姆兄弟，这样不冷么？"他淡然回答道："我曾经趟过比这更冷的水。"圣大卫也曾站在冰冷的海水中，考验他对神的信仰。

圣卡斯伯特在没颈的冷水中站了几个小时，晨曦时分返回岸边。有两只水獭跟着他，在他的脚边嬉戏，呼出热气为他的脚趾取暖，并用毛皮擦干他脚上的水。其后，它们得到了圣徒的赐福，蹦蹦跳跳地回到了海里。（试想奈特利的僧侣是否能对南安普敦海域施加这种强有力的精神影响？也许，要是我足够圣洁的话，我也会要求两只海洋哺乳动物为我提供同样的服务吧！）一幅十二世纪的画作描绘了海浪遮蔽下的圣卡斯伯特裸身入水的场景，另一位好奇的僧侣窥视着整个过程；随后，像延

时动画一样，这位僧侣看到圣卡斯伯特坐在一块岩石之上，接受那两只幽灵般的水獭为其提供的足部护理服务。

诺森伯兰郡的修道院，如科尔丁汉姆、惠特比和林迪斯法恩等都建在海边；它们交通便捷，堡垒坚固，易招致维京侵略者的进攻。卡斯伯特要寻找一处更难接近的地方，于是在遥远的岩石群岛中发现了他的这个荒岛，"四周是无穷无尽的深海"。如今，法恩因灰海豹、海鹦和啄痛侵入者脑袋的筑巢燕鸥而闻名于世，但长久以来，法恩内陆却被黑色面孔、穿着蒙头斗篷、骑着山羊的恶魔纠缠着，"它们的面目异常骇人"。圣卡斯伯特很快就把它们赶走了，就像其前辈圣帕特里克驱走爱尔兰的蛇一样。

"法恩"（Farne）意为行者或朝圣者。圣卡斯伯特在追寻归隐生活的过程中，对周围的海洋与岛上玄武岩的桥墩并不满意，为在沉思时不被旁物分心，他用大卵石砌了一堵圆形围墙，"扔掉原生岩石"，把地表挖低，在围墙内只能看见天空。在北海边亘古不变的苍茫天幕下，他成了岛上的一位隐士，就像在荒漠中用锁链锁住自己的圣徒，或固定陈列在图书馆中的书籍——在他的围墙内，他既自由又封闭。

圣卡斯伯特的围墙里有两个房间，一间祈祷室，还有一间是由粗糙的房梁和茅草搭成的卧室。他的居所不乏方便设施：小棚屋就是他的厕所，巧妙利用每天两次潮水的冲刷进行清理。他在岛屿下方的港口建了一间招待所，供前来拜访的教友寄宿。起初，圣卡斯伯特出迎访客并给他们洗脚，与为他暖脚的水獭无异，但后来，他只是从窗户边向访客们挥手致意。他在法恩内陆住了九年。

在愉悦的独居生活中，圣卡斯伯特只找寻人类以外的伙伴，而这些伙伴反过来又会竭诚为其服务。一次，他在海边诵读一部诗篇时，不慎把书掉进了海里——我想象那些手抄本的松散纸页落进阴暗的海底，可真是莫大的损失！当时书本几乎比世上的一切都要贵重。就在那时，一头海豹潜入水底，叼回了那本书。它也因此受到了圣卡斯伯特的赐福。不过我猜如果给海豹一点新鲜鱼肉，它可能也会很高兴。

在自给自足的生活中，圣卡斯伯特发现，有时应对当地的野生动物施以教诲。有一群鸟曾抢掠过他新种的大麦田，他谴责道："你们自己不播种，为何要践踏别人的庄稼？"后来，有一对乌鸦从他房顶上偷茅草搭巢穴，圣卡斯伯特耐心地请求它们务必归还赃物，结果竟受到那两只蠢物的嘲笑。圣徒被激怒了。他说："以耶稣基督之名命尔等尽快远离此地。亦断不可擅自在汝糟践之地停留！"乌鸦飞走了，形色凄惶，为其所为感到羞愧难当。

三天后，圣卡斯伯特正在锄地，其中一只乌鸦飞回来了，圣比德记述道，它的"翅膀可怜地拖曳着，头颅垂至双脚，声音低沉而谦卑"。乌鸦祈求圣卡斯伯特的宽恕，圣卡斯伯特当即宽恕了它并准许其回来。当那两只乌鸦返回时，它们给圣徒带来了"一大块人们抹车轴的猪油"，圣卡斯伯特把它分给了前来拜访的教友们，让他们擦在鞋子上用来防水。

他对众人说："绝不能认为向鸟儿学习美德是荒唐的，因为所罗门王曾说：'你们这些游手好闲的人啊，去向蚂蚁学习吧，思考它们的生活方式，向它们学习智慧。'"改过的乌鸦在岛上生活了很多年，每年都会重新筑巢，不会再从圣卡斯伯特的房顶偷取材料，也不"侵扰任何人"。

乌鸦并不是圣卡斯伯特在法恩岛上照料过的唯一有羽毛的居民。长着黄绿色脖颈和楔形喙的绒鸭会发出令人安心的"啊呼、啊呼"的古怪叫声，有着一副庄重而刚毅的外表，加之性情温顺，尤其令人喜爱：在法恩内陆，卡斯伯特的继任者巴塞洛缪允许绒鸭在礼拜堂圣坛边，甚至在他的床底产卵。实际上，母绒鸭表现得容易亲近，是因为无论捕食者距离多近，它们都待在巢里，那是为了保护它们产下的卵。正因为这样，入侵者才有机会偷取它们的绒毛。但圣卡斯伯特的苦行生活并不需要羽绒棉被；相反，他创立了一部保护绒鸭的法律，这是英格兰第一部保护动物的律法。

至少故事里是这么说的。关于圣卡斯伯特最早的两部传记里都没有提到这个故事。尽管一份十四世纪的手稿的确讲到，一位纽卡斯尔（Newcastle）的画家接受了十二便士的酬金，在达拉谟（Durham）教堂祭坛后的屏风上绘制《卡斯伯特的鸟》。雷金纳德（Reginald）的圣徒编年史中可能也提到过这个故事，"某些动物……是以神圣的卡斯伯特的名字命名的"。不过，这则传说却与我们对这位圣徒已知的或欲知的内容相合。为纪念这位北方的圣方济各，绒鸭的爱称"卡迪鸭"已经沿用了千年之久。

在林迪斯法恩任主教期满后，圣卡斯伯特回到了法恩内陆，公元687年逝世于此。圣卡斯伯特生前不愿离开法恩岛，他死后，因维京人入侵，僧侣保护着他的遗骸四处流浪，这结局就和圣奥斯瓦尔德一样。公元1104年，当他的遗体最终在达拉谟安葬时，竟奇迹般地完好如初，胸前

金色和暗红色的十字藏在外衣的衣褶里。据说这位圣徒的血液甚至仍在血管中鲜活地流动，他轻柔的呼吸声也清晰可闻。他那些和鸟类有关的传说仍有很强的生命力。另一位纽卡斯尔的艺术家，前拉斐尔画派的画家威廉·贝尔·斯科特（William Bell Scott），在沃灵顿大厅里的壁画上描绘了这样的景象：燕鸥在圣卡斯伯特削去头发的头顶上盘旋，一只忠诚的绒鸭守在他脚边。

那时，鸟类的形象已经为人所熟知，从柯勒律治[①] 笔下的信天翁，到爱伦·坡[②] 的哥特式乌鸦——后者创造出乌鸦这个角色，永远全身漆黑，黑色的斗篷、黑色的丝领带，丁尼生称爱伦·坡为"美国最具原创性的天才"。爱伦·坡笔下"恐怖、残忍、古老的乌鸦"，总是嘎嘎叫着"绝不再来"，与梅尔维尔的白鲸一样，它被赋予了预言的能力。乌鸦和白鲸都是从柯勒律治的《古舟子咏》中获得的灵感，无论是对强身派基督教，还是对进化论理性主义来说，都不啻为一种命定的解毒剂。

在工业化时代，乌鸦表现为新的、令人不安的虚构形象。1813年，卡斯帕·大卫·弗里德里希[③] 创作了油画《森林里的猎人》（*The Hunter in the Forest*）。画中的猎人在巨大的冷杉下显得身形矮小，一只乌鸦栖息在木桩上，它预兆着失败；弗里德里希的《乌鸦树》（*Raven Tree*）中，纠

---

① 柯勒律治（Samuel Taylor Coleridge，1772—1834），英国湖畔派诗人、评论家。他创作了音乐叙事诗《古舟子咏》，在这首诗中，一位古代水手讲述了他在一次航海中故意杀死一只信天翁的故事。这个水手经受了无数肉体和精神上的折磨后，才逐渐明白"人、鸟和兽类"作为上帝的创造物存在着超自然的联系。

② 爱伦·坡（Edgar Allen Poe，1809—1849），美国诗人、小说家和文学评论家。他是美国短篇故事的最早先驱者之一，又被尊为推理小说的开山鼻祖。他于1844年创作的诗集《乌鸦》，以爱情、死亡、幻灭和伤悼为主题。

③ 卡斯帕·大卫·弗里德里希（Caspar David Friedrich，1774—1840），德国浪漫主义画家。

结的树枝和黑色翅膀映衬着血红色的天空，呈现出一幅阴森的景象。我最喜欢但并不出名的油画是1868年另一位前拉斐尔派画家兼自然主义者罗伯特·贝特曼[1]创作的水彩画：一位骑士的遗体躺在荫翳的林间空地上，漆黑的树枝上栖息着三只乌鸦。"外面漆黑一团，"一只乌鸦对其余两只说道，"我们从哪里获得早餐呢？"这个故事来自一首古英语歌谣，但其中怪异而隐蔽的场景既可以设定在某个不确定的未来时空，也可以在某段浪漫主义的过去。

现代艺术对愉快活泼的鸟禽并不热心。1890年，凡·高[2]在他生命中的最后几周创作了《有乌鸦的麦田》（*Wheatfield with Crows*），之后，他被疯癫和死亡征服，他的朋友高更[3]到塔西提岛上隐居，并在1897年描绘出自己梦中的影像：一个年轻性感的土著少女，一只不祥的乌鸦俯视着她。同时，在亨利·卢梭[4]1894年的画作《战争》（*War*）中，一个孩子骑着一匹黑马，穿过尸横遍野的土地，其中一具尸体的形貌仿佛作者本人，因为有纯真孩童的形象，这场面更显得骇人。乌鸦在尸体中一边啄食一边搜寻，仿佛它们染血的喙正从内脏中窥见末日大战即将来临。到了1918年，仅有一只乌鸦停在伦敦塔上，也许这并非偶然，其族群必须在索尔顿的达特姆尔村补充能量，在村庄废弃的采石场上空，乌鸦们仍然在俯冲、高飞，巨大的黑色羽翼反衬着蓝色天空。

----

① 罗伯特·贝特曼（Robert Bateman，1930—），加拿大著名画家，自然主义画派的代表画家之一。

② 文森特·威廉·凡·高（Vincent Willem van Gogh，1853—1890），荷兰后印象派画家，对二十世纪的艺术，尤其是野兽派与表现主义有重大影响。

③ 保罗·高更（Paul Gauguin，1848—1903），法国后印象派画家、雕塑家，与凡·高、塞尚并称为后印象派三大巨匠，对现当代绘画的发展有着非常深远的影响。

④ 亨利·卢梭（Henri Rousseau，1844—1910），法国后期印象派画家，被奉为二十世纪超现实主义艺术先行者。

圣卡斯伯特隐居法恩内陆的一千年后，诗人僧侣托马斯·莫顿（Thomas Merton）为了看清世界，找到心中和自然中的神灵，也试着远离尘世。像圣卡斯伯特一样，莫顿那时深陷红尘：住在曼哈顿闹市区繁华的大街上，过着放荡不羁的生活。

莫顿1915年生于法国，父亲是一位新西兰画家，母亲是美国贵格会教徒，他从小过着漂泊不定的生活。幼年丧母，父亲带着他四处旅行，到过科德角的小镇普罗文斯敦和特鲁罗——"这镇名如同天涯海角般孤寂"——在狂风吹拂的沙丘上，他第一次看到了大海；后来他去了罗马和法国南部，在那里，他的灵魂觉醒了。

父亲因为脑癌早逝后，莫顿在剑桥大学求学，期间开始酗酒，据说还有了一个私生子。1934年，他离开英格兰。在他看来，这里是衰败之地，"满是凶兆"，"是一个巨大而复杂的字谜游戏"，在这片土地上，"人们道德沦丧"。他乘坐的船只"深夜从南安普敦水域静静驶离"，身后是"暴风雨前的寂静……一切都被重重迷雾和黑暗掩盖了，一切又都在等待空中第一声雷鸣，此时，纳粹分子正在给成百上千架飞机引擎预热"。

莫顿到纽约后，被哥伦比亚大学录取，并以弗兰克·斯威夫特的假名成为一名共产主义者。在出入夜总会、播放"热爵士乐"唱片的间歇，他研究威廉·布雷克[1]（他对布雷克极为热衷，可能是由于这位诗人曾在伦敦南部的树林里见过天使的缘故）和杰拉德·曼利·霍普金斯[2]。他有一个朋友是前卫艺术家艾德·莱因哈特（Ad Reinhardt），这位画家

---

[1] 威廉·布雷克（William Blake，1757—1827），英国第一位重要的浪漫主义诗人、版画家。

[2] 杰拉德·曼利·霍普金斯（Gerard Manley Hopkings，1844—1889），维多利亚时代英国诗人。在世时诗名并不大，但在其诗集1919年首次出版后声名渐盛。

创造了完全是黑色的油画——那个时代的终极艺术表现形式。

1938年，二十三岁的莫顿浪子回头，皈依天主教——我母亲那时还很年轻，刚加入了南安普敦教会。一天清晨，莫顿和朋友在一间俱乐部通宵饮酒，他突然意识到："我要当一名神父。"当时，欧洲战火正愈燃愈烈，莫顿放弃了格林威治村的单人公寓，在位于肯塔基州偏远乡村的苦修派客西马尼圣母修道院里找到了一间小屋。他在那里曾亲眼看到新皈依的教徒是如何被引导入会的。他写道："水淹没了他的头顶，他浸入了教众之中，他分不清方向。尘世间再没有他的音讯，他淹没在我们的教团里……"应征入伍后，莫顿将所有的小说手稿付之一炬，丢掉所有的财产，将二十世纪四十年代的套装换成了十五世纪的衬衣。他离开当代美国，步入中世纪的领地；曾经的共产党人现在有了一个全新的教名——弗拉特·路易斯（即路易斯修士）。

莫顿之所以隐退，是因为他曾一度迷失了自己，他希望借此发现一处新天地，让自己获得重生。他穿着白色长袍和棕色的兜帽斗篷，看上去像一只鸟。他宣布道："我渴望为世间一切生灵服务，渴望了解他们，渴望为他们而死。"苦修派遵从本笃会教义，甘守清静，除非必要，否则很少发表言论。起先，莫顿连写诗也受到禁止，尽管如此，他还是在1948年发表了自传《七重山》（*The Seven Storey Mountain*），引起整个世界的注意。这本书在英国出版时更名为《甘于沉默》（*Elected Silence*），由伊夫林·沃[①]编辑，并受到格雷厄姆·格林[②]的力荐。

---

　① 伊夫林·沃（Evelyn Waugh，1903—1966）英国作家，他的小说辛辣尖刻，有浓重的宗教色彩。

　② 格雷厄姆·格林（Graham Greene，1904—1991），英国作家、剧作家、文学评论家。他的作品探讨了当今世界充满矛盾的政治和道德问题，将通俗文学和严肃文学有机结合在一起。

囿于教义，莫顿远离纷争，在他渴望的寂静中从容应对世上的问题。但他无法克制发表言论的冲动。莫顿生活的时代，也是奥斯维辛集中营、广岛核爆炸及沃茨种族暴动的时代，他是第一个公然反对越战的天主教神父。他认为这是自己责任所在，而且要以艺术家的方式去反思。他写道："一个人不因其接受的任务及实现的效用而成为僧侣。某种意义上说，他应该是'无用的'，因为他的使命不是做某件事情，而是为上帝服务。他的事业即生命本身。"

莫顿无视同代人的嘈杂声音——或者干脆说是一堆废话——他听从自己内心的声音。胡格恩和穆宁两只乌鸦为奥丁报信，而这个当代僧侣就是上帝的无线电接收器，他向上帝报告世间的万事万物。1962年，海洋生物学家蕾切尔·卡逊（Rachel Carson）的《寂静的春天》（*Silent Spring*）一书出版，揭示了杀虫剂对自然环境产生的可怕影响，莫顿曾发文大力支持。他在诗作和照片中也印证了这一点——"僧侣如同鸟儿，飞得飞快，却不知自己去往何处。"——并愈发关注东方佛教。他在1968年出版的《禅与欲望之鸟》（*Zen and the Birds of Appetite*）一书中，对

唯一一张所知的上帝的照片

比了禅宗大师与沙漠教父两者与动物的关系；他读《白鲸》时，宣称该书"与僧侣生活有着莫大联系，也许远胜过修道院图书馆里的灵性书籍"。

对托马斯·莫顿来说，乌鸦是圣本尼迪克的象征，代表了救赎与死亡。它的羽翼像莱因哈特的油画那么黑，也不妨看作是如今另一片荒漠里核爆炸的预兆。

宁焚毁我的骨头，让乌鸦食尽我的血肉，

莫可忘记了沉思。

莫顿的死亡来得突然、暴烈，令人震惊。1968年，他访问泰国时，死于电扇故障引起的触电事故，享年五十三岁，与圣卡斯伯特去世的年纪相同。目击者对其遗骸的描述甚为翔实——身体严重烧毁，而面部表情却非常平静——仿佛他也会不朽。他的遗骸被一架载有越战阵亡士兵的飞机空运回了美国。对于一个和平主义者来说，这似乎是一个暴力的终结，但他似乎早已预知了自己的命运，他的自传的最后一行写道："你可以成为上帝的兄弟，明白那些受火刑者心中的耶稣。"甚至有谣传说是黑势力密谋害死了这个总爱惹麻烦的神父。

二十世纪中期以后，乌鸦的符号已四处滥用。在诺曼·贝茨汽车旅馆的客厅里，一只饱餐后的乌鸦站立在克兰小姐的肩膀上，这就是她即将被人谋杀的预兆。后来，一位精神病患者穿着她已故母亲的衣物杀害了她。希区柯克的电影中，海鸥和乌鸦攻击沿海小镇居民的场面虽然惊悚，可其实人们并不需要看了电影才会对鸟类心怀戒惧。人类世世代代对鸟类心存疑虑，拒绝把鸟类图片挂在自己家里。鸟类是来自过去的幽灵，神秘莫测；它们潜藏在暗处，羽翼漆黑，充满矛盾。它们绝非美丽的象征，反而有些卑鄙可恶；若时光倒流，它们就会再度变成可怕的爬行猛兽。

　　这座岛上开阔纯净的高地是留给鸟类的一道风景。靠近点看，这座岛上的乌鸦其实身形巨大，如果抖动起颈毛和长有羽毛的双腿，看起来就更大了。我在跟踪一只正啄着土壤的鸟，我穿上黑色夹克衫，尽可能让自己看起来和乌鸦相似。一位岛上的朋友说：要是乌鸦真那么聪明，它们的地盘怎么那么小？你还指望它们能在此称雄吗？这只领头的乌鸦被迫从内陆迁到了遥远的海岸地带，又逐渐重新占据英格兰南部，这是它曾经熟知的地方。与人类在一起，智慧并不总意味着成功。

　　乌鸦被其他鸟类疏远。它们的双眼从不泄露秘密。也许它们想引诱我失足落下山崖，在我的尸体上饱餐一顿。也许它们一边飞翔，一边对我的愚蠢行为大肆嘲弄，它们在空中斜飞、俯冲、翻滚，阳光穿过翅膀末梢的主翼羽，把羽毛染成半透明的灰色。一大群白嘴鸦和寒鸦加入了它们的队伍，好似受到召唤，开了一场鸦科大会。那个夏天，我常常观看它们的翻筋斗飞行表演。要是它们能留下飞行轨迹的话，我们就会更细心地观察了。

　　在我的注视下，一名新选手出场了：一只乘着上升气流飞翔的游隼，它完全伸展开流线型的翅膀，就像一架高贵的喷火式战机，它能量超强，简直像是装上了劳斯莱斯引擎，甚至它的名字也让人产生对骑士时代的遐想。J. A. 贝克（J.A. Baker）在其研究恐怖统治的著作《游隼》（*The Peregrine*）一书中，描绘了这些猛禽如何"像骑士和运动员一样不断练习，完善自己的猎杀能力"——这是对雄鹰的一种老式比喻。与"法恩"这个词一样,游隼象征朝圣者或旅行者,因为古人驯养鹰隼捕猎,并不是从巢里抓走羽翼初丰的鸟,而是在它们飞出巢穴时将其抓获。其拉丁名"Falco peregrinus",意为"长有镰形翅膀的飞行者",既反映了其飞行能力,又表现出其高贵的形态。它们残酷而高雅,毫不着力地在空中盘旋。它们是世界上速度最快的动物,飞行时速可达一百英里以上,却深藏不露。海鸥和寒鸦如果以这样高的速度捕猎,会在猛烈攻击中折断自己的脖子。

贝克是埃塞克斯的一名图书馆管理员,出身低微,至今仍没有人知道他去世的具体日期——他曾追寻游隼长达十年之久,见证了游隼在沼泽中的领地。游隼生活在一个"被遗弃的世界","凭精确的记忆路径"越过山川河泽。这本书于1967年出版,在写作过程中,贝克被诊断患有绝症。他观察到的游隼并不神秘诡异,它们自成一统。它们熬过了战争时代,幸免于难。在战时,由于反潜飞机关闭无线电,需要利用信鸽,而游隼因为会对信鸽造成威胁而遭到枪杀。二十世纪六十年代,飞机喷洒有毒农药,几乎让它们彻底灭绝。至今,游隼的数量都未恢复正常。它们已经在这座岛上的悬崖峭壁上生存了好几个世纪,一代代在此筑巢,生息繁衍。对这群飞行演员来说,这里是天然的舞台,它们翻飞自如,正如霍普金斯的描述:"它们是飞行大师!"这群可怕的漫游者搜寻着猎物,它们的眼睛比人类更大,视力超过人类五倍以上,我坐在英格兰南部悬崖上观察它们,就像观察非洲平原上的猎豹。我独享着此番美景,感到贪恋难舍。

这片土地可能有人打理过,但地形地貌已经在风的吹拂下改变了,强风沿英吉利海峡攀升,抽打着金雀花,把这里吹成日式盆景一样的小山丘。矮树丛散发出椰香,仿佛在引诱朱莉亚的丈夫从棕榈海滩回来。

我几乎是在草坪上一蹦一跳地走着，意识到脚下任何一块地都有可能崩塌。一块块洼地就像人的腋窝，而条条缝隙又像人的腹股沟，此处遍布沟壑，就像一个盖着柔软羽绒被的不安的睡眠者，所有的路线贯穿其中。隙缝里长满了茂盛的植物，因为它们在空地上无法存活。在靠近悬崖边缘的地方，白垩岩层像潮湿的糖霜一样呈块状断裂开，缓慢的地壳震动使岛屿分裂。整个地区都在自然历史的重压下呻吟、下沉，庄严沉默地离开。

这里高耸入云，一切看起来都温和怡人。我朝着太阳落下的方向往前走，感觉能一直这么走下去。突然，起伏的绿茵消失了，一片令人惊异的景象扑面而来：裂开的白垩巨岩一直伸入水里，层层波浪冲刷着满是杂草的岩底。

从记事起，我就见过尼德尔斯海蚀柱，但不管远观还是近看，它们仍然显得陌生，这可能是因为它们无时无刻不在变化的缘故吧。三根被侵蚀的石柱像腐烂的臼齿，是消失已久的石拱和塔楼的断壁颓垣。日渐消失的第四根石柱是一根一百二十英尺长的尖塔，于1764年倒塌。如果有一架延时照相机固定于此，我们就会知道当年这些辉煌的石柱被侵蚀得多么严重。现在，它们只充当矮墩墩的、红白双色的灯塔的基座。与海岸边的其他灯塔一样，这座灯塔也有着自己的信号脉冲——灯暗两秒，灯亮两秒；灯暗两秒，灯灭十四秒——如同鲸鱼发出的密码。灯塔靠自动导航装置运转，塔楼被削平以便直升机起落，邻近石柱上的信使鸬鹚——人们曾粗俗地称其为"鳗鱼似的乌鸦"，这种鸟有贵族式的羽冠，一身黑色光滑的长羽——注视着这一切。

灯塔后面留有人类占领的迹象：尽头挂着人为形成的藤壶，那是历史的遗迹。当时，西怀特岛是一座大型要塞，整个南方海岸到处都是砖砌的堡垒。为保护英格兰免受敌军侵入，历代的人们在这条狭窄的白色长廊上修筑炮台，在悬崖上留下那些大大小小的水泥空洞。我把自行车靠在一道上锁的门上，这时，一对燕子从黑暗中猛冲出来。我凑上去往门缝里张望，听见里面"吱吱"地叫个不停，那声音来自黑暗中的一个鸟巢。

悬崖下有一群海雀在划水，它们长着尖利的喙，是企鹅的北方近亲。和海雀在一起的还有刀嘴海雀与管鼻燕，这里是岛屿最东端的鸟类繁殖地。它们久久地漂浮在海上，如同宽阔海域上微缩版的黑白色战舰；它们在海上度过一生，只在筑巢时回到岸边。它们属于海雀科，这是一个非常古老的物种，它们的形象出现在古代雕塑上。它们从悬崖上飘下，翅膀看起来又小又短，与圆桶形的身材不成比例。我所处的位置刚好能听到它们的叫声。我曾在1936年春出版的《鸟类手册》（*Pocket Book of Birds*）里读到，海雀"长相奇怪，叫声诡异，像是遭受着巨大痛苦的人发出的呻吟声"。与不列颠岛上的许多海鸟一样，海雀的数量最近几年也在锐减。海鹦以前也在此筑巢，但它们早就消失了。不过那年夏末，我见过孤零零一只海鹦出现在远海。

几个世纪以来，人类为了获取鸟肉、鸟油和鸟羽，猎捕了成千上万的海鸟。人类的需求太大了，甚至会直接把中枪海鸟的翅膀撕扯下来；这些鸟与被人割掉了鳍的鲨鱼一样，被扔回大海自生自灭，而这仅仅是为了让时尚的女士能戴上三趾鸥羽饰的帽子招摇过市。它们已经失去了圣卡斯伯特的庇护，但我时常想象着这样的场景：这些海鸟的灵魂盘旋在邦德街那些女士们的头顶上，要求归还它们的正当财产。

我读的那本《鸟类手册》在1936年夏面世时，T.H. 怀特①正在忙着

① T.H. 怀特（Terence Hanbury White，1906—1964），英国作家和诗人，中世纪文学的译者和编辑，毕业于剑桥大学皇后学院，曾在白金汉郡担任教职。他研究十五世纪亚瑟王传说，著有《永恒之王》（*The One and Future King*）四部曲，其中最著名的《石中剑》（*The Sword in the Stone*）曾被迪士尼改编为同名动画电影。

训练一只苍鹰。他的朋友们觉得这事非常荒唐，对他说："你究竟为什么要浪费自己的才华，去用死兔子喂野鸟？""这是现在的男士该干的事吗？……""男人要拿枪上战场！"他们大叫道："打倒法西斯，人民万岁！"

对于他与苍鹰戈斯的关系，怀特十五年来从未解释过，大家姑且称之为"某种狂热症"——一种极端而令人费解的感情，和J. A.贝克对游隼不可自拔的热爱差不多。这个英俊的男人沉迷于中世纪文献以及关于恶魔的隐晦典故，并由此成为诗人、作家、艺术家、猎手和飞行员，令人难以置信的是，他还成了一个和平主义者。

怀特在那段艰难岁月中的记录——他称之为"日志"——尽是爱意满满的绘画和小照片，主角都是苍鹰。他甚至把脱落的鸟羽用胶带粘在书页上，他早先在记录苏格兰高地钓鱼的日志中也粘了一片鲑鱼鳞片，并建议给每个一读者都赠送一片相似的鱼鳞。在驯养戈斯的过程中，怀特把它丢了。苍鹰脚爪上还套着皮革带就一去不返。怀特曾对这只苍鹰关心备至，废寝忘食，这只鹰被"遛"到疲惫不堪才甘愿服从主人的命令。怀特在苍鹰走失后客观地推断：它飞到远处，皮革脚带缠在树上，死在那里，"它头朝下脚朝上倒吊着，泛绿的骨头和破损的羽毛还在寒风中摆荡"。

T. H. 怀特1906年生于孟买，他和朱莉亚·玛格丽特·卡梅隆夫人一样，都生在英属印度，又如托马斯·莫顿一般，他自出生起就四处漂泊。他的父母对他漠不关心，把他打发到英格兰念书，像上述二位一样，他也对人才辈出的剑桥大学情有独钟，决定学习中世纪拉丁语速记法，以便翻译中世纪动物寓言集，这些寓言后来影响了他本人的写作。出版了自己的诗集之后，他想给英国诗人杰拉德·曼利·霍普金斯写一本传记，但后来改变主意，在斯托园（Stowe）做了校长——在那里，他任由草蛇在客厅中游走，还裸身躺在草坪上晒太阳，他住在斯托园产业内猎场看守人的小木屋里，房租每周五先令。

他独自住在乡下，从井里汲水，用一间土厕所。不过，他也花一百英镑购置了地毯、窗帘、镜子和一张华丽的古董床，在食品室里储存了罐装食品和许多瓶优质的马德拉白葡萄酒。1936年，他出版了一本颇具时代特色的叙事作品《吾身属英格兰》（*England Have My Bones*）。在书中，他试图给自己下定义，并阐述英国道德沦丧的现实——莫顿在两年前已去国离乡。他写道："现今，我们无法确定自己生于何地，也无法明确自己的身份。这就是为什么在这样一个不断变换的世界里，我想要知道我究竟身在何方。"

书里还有各种各样的狩猎、捕鱼和飞行日志，既关注到他的先祖、塞尔伯恩（Selborne）的吉尔伯特·怀特，又留意到理查德·杰弗里斯（Richard Jefferies）——这位维多利亚时期的博物学家躺在丘陵上，"感受大地母亲的拥抱"，幻想着海天融为一体。怀特以相似的笔触，为他熟知的国家写下热烈的咏叹，歌咏那短暂的太平岁月和与世隔绝的庇护所。"……如果你能避开城镇，整个不列颠岛都是一处锚泊地。所有鸟禽、野兽和运动季节皆是如此……对于贤明的人来说，所有这些的历史比伦敦更悠久也更重要。"

怀特当时可能想到了杰弗里斯在1885年出版的未来主义小说《伦敦之后，或荒野英伦》（*After London, Or Wild England*）。在这本书中。作者想象如果首都伦敦不复存在，大地恢复到自然状态，国家会变成什么样子？尽管怀特可能有过怀疑，但他无法确知，在随后的几十年，伦敦险些被人遗忘，乡村面貌也会彻底改变。威廉·柯贝特（William Cobbett）在环游汉普郡途中，也对十九世纪早期工业革命造成的恶劣影响产生了质疑。因而，在机械化时代来临前，可以说是怀特对英国乡村投下了最后一瞥，此后，田野就会被化学处理的食品工厂取代。他写到了乡村的人和动物，还写到了小嘴乌鸦，认为它们会"像人类一样长寿，可是猎场看守会捕杀它们，情绪化的人们也会猎杀它们，因为他们受不了这些乌鸦啄食垂死动物的眼睛。这是一场极具摧毁性的游戏"。

事实上，乌鸦通常只能活十年，甚至还更短。但对怀特来说，动物们尽管没有自卫的能力，却预示着更大的威胁。他写这本书时，正处于一个怪异的时期，当时，各种宗教教义、哲学思想和政治思潮交杂，不论这些教义、思想有多么极端，它们还会因为那些纷至沓来的国际争端而变得更加极端。怀特创造了自己的神话、自己的英雄故事。他狩猎、捕鱼，还学会了驾驶飞机。他写道："因为我惧怕某些事物，惧怕受伤，惧怕死亡，因此我必须一一尝试。这本日志的主题就是恐惧。"

如此说来，该书有一个残忍的结尾也就不足为怪了。怀特深夜告别朋友们回家，酒后驾车猛冲过公路，掉进沟里，头撞上了汽车的仪表盘，鼻子和喉咙里都是血。他爬出车门，站在车头灯光前，发现自己有一只眼睛看不见了。幸好他后来恢复了，继续过着匆忙纷乱的生活。

怀特不喜欢安分守己，也鄙视那些"好逸恶劳的人"。他为自己没有在伦敦"睡"上五年而感到骄傲。他怒斥乡村的衰落："说不定哪天新森林地区会变成一座地铁站。"他还说：不列颠岛上最好爆发一场战争，消灭掉全国三分之二的人口。随后几年，怀特被流放到爱尔兰，大概是因为他出于良心而拒服兵役。他的朋友和捕猎同伴西格夫里·萨松[①] 劝他

---

① 西格夫里·萨松（Siegfried Sassoon，1886—1967），英国著名反战诗人及小说家，曾就读于剑桥大学，在一战爆发时自愿参军，因感受到战争的残酷，1917年退出了军队。

不要服役，1938年《慕尼黑协定》签订前三天，萨松对怀特说："在此紧急关头，只有像烛心一样保持镇定和安静才管用。"当苍鹰离他而去时，怀特也是这么劝告自己的。

不难看出，怀特和《猎狐者回忆录》（*Memoirs of a Fox-Hunting Man*）的作者萨松都猎杀过不少动物。不过，怀特并不热衷于捕杀濒临灭绝的动物。把活生生的小鸟和老鼠投喂给苍鹰，他会感到很为难，他最宠爱自己的猎犬小棕仙，"我独一无二的波卡洪塔斯公主[①]"。怀特休息时，小棕仙会坐到他的膝盖上，对着打字机发出"哼哼"声，因为怀特写作时，打字机就占据了它平时的位置。每当严冬拂晓，怀特带它去捕雁时，它总穿着法兰绒外套，臀部和腿裹在怀特的包里，前爪上套着羊毛手套。下雨时，它穿着防雨外衣和防泥绑腿（一种给狗穿的衣服，怀特搬到爱尔兰时，曾因此被人怀疑是间谍，把秘密地图藏在狗外衣里），以免它毛茸茸的四肢把整间房子弄得到处是烂泥。要是有人胆敢伤害它，可绝对没好果子吃。在一次狩猎聚会上，怀特明确宣布，要是有人开枪

<hr />

① 波卡洪塔斯（Pocahontas，约1595—1617），美洲印第安人公主，波瓦坦之女，她的故事后被迪士尼改编为动画电影《风中奇缘》。

误伤了他的狗，那个人就得为它陪葬。"我会开枪打他，一枪，两枪，就像这样——毫不手软。"

怀特也有可能由着他的性情，越来越深居简出，不愿与人相处，逐渐成为文学注脚里一个暴脾气的形象。但就在那年，他好运爆棚，他把自己的成功比作"赢了一场赌注"，几乎一夜之间进入富裕阶层，而在这之前，他靠借贷度日。1938年8月，美国读书俱乐部选中了他的小说《石中剑》——这本书重新构想了亚瑟王在乱世中的浪漫传奇，就像丁尼生和朱莉亚·玛格丽特·卡梅隆重塑亚瑟王一样。怀特在剑桥大学求学时，就对马洛里爵士的《亚瑟王之死》非常着迷。尽管这个故事源于中世纪的盎格鲁–撒克逊传说，但在这部作品中却有了新意义。怀特将其扩充为五卷。他的写作过程酷似通灵仪式，没有现代世界的丝毫痕迹。"我正试着写一个以十五世纪为背景的想象世界。"他对自己的朋友悉尼·科克雷尔（Sydney Cockerell）爵士说，"我通过观察1939年的时代背景，回顾过去，想象1489年的时候会是什么样子。"借着这个想法，他通过望远镜给自己画了一张素描，仿佛要穿越时间。也许，他将黑骑士当作了纳粹党突击队员，把亚瑟王的宫殿卡米洛特当成燃料库，把灰背隼当成战斗机，把阿尔比恩、多佛尔和西怀特岛的白色悬崖当成了英格兰的第一道和最后一道防线。

怀特写成这本书时，战争已不可避免。他被时代大潮裹挟，同时又想置身事外。三十年后，我从公共图书馆——那是一所很小的图书馆，就在学校对面，我父亲每周四晚上都会带我去那里——借了这本书，看得浮想联翩。我被少年英雄沃尔特[①]的故事迷住了，这位过去与未来之王，在即将成为王子时变成了一只鹰，在书中虚构的田园诗一般的英格

---

① 亚瑟王童年时期的名字。

兰上空翱翔；我看见自己从石头中拔出那把宝剑，就像书里那个少年骑士所做的一样。

怀特从来没有丢失孩子气的热情及自我创造的才能。如他的传记作者西尔维娅·汤森德·华纳（Sylvia Townsend Warner）所说，怀特本人"比他的任何作品都更出色"。他设计了自己的飞鹰徽标，他在《谁是谁》（Who's Who）一书的条目中写道："兴趣爱好：动物。"后来又扩大到绘画和带鹰捕猎。对他来说，鸟并不是宠物，也不是猎物，甚至也不受他掌控。他没有驯化自己的猎鹰：他和它们一起进入一段不稳定的休战期。他与整个世界也处于不稳定的休战期。那时，托马斯·莫顿正在美国，对修道院式的生活苦思冥想，并将很快接到征兵召令。当时的英国极有可能实行征兵。"希特勒到处演讲，人们生活在不安中。"怀特在1939年4月26日的日记中写道："我天性与修道院式的生活不合；那种生活是不合作主义的，但也是自由的。这是猛禽的本能。在争斗中，鹰隼既不集体作战，也不轻易退缩。"

有一天，一个农夫朋友带给怀特一副防毒面罩，对于怀特来说，这个面罩就代表了战争——令人窒息。当他戴上盖住脸的橡胶面罩，华纳看见他像头动物一样颤抖，随后，他扯下面罩跑进树林里。怀特公开宣称自己既不会参战也不会逃跑。他说，"任何人都可能会向你扔手雷"，他还有小说要写，这才是他的天命所在。他甚至声明，《亚瑟王之死》的首要主题就是为战争找到一剂解毒良方。在英格兰发放身份证明或配给证之前，怀特已经前往爱尔兰，那时他也已经超过了服兵役的年龄。他和托马斯·莫顿一样，放弃了自己的身份，他用写作得来的版税租了一间大房子，过上了中世纪的生活。当时，剑桥大学菲茨威廉博物馆的馆长、出身名门的科克雷尔给约翰·拉斯金①寄送海贝②，由此开启了自己的事业；怀特特意告诉科克雷尔，为了走进亚瑟王的世界，他必须试穿一套盔甲，"我想知道这东西到底是怎么回事"。

在爱尔兰的凯尔特暮光中重新想象那个世界可能更容易些。怀特退居到岛上的堡垒里。他与形形色色的人通信，比如和诺埃尔·科沃德③讨论他的亚瑟王传奇剧《风中之烛》（*The Candle in the Wind*）适用的舞台，还与朱利安·赫胥黎④讨论动物是否有"思想"。在《野兽王国》（*Kingdom of Beasts*）一书中，赫胥黎这位著名的动物学家宣称，人是"最适应生存"的哺乳动物。怀特反唇相讥道："人类……不过自说自话，碰巧在自己擅长的事上取得成功，这并不说明人类就比自然界中其他生物优越。"他宁可与动物们为伴。"世上要是没有人类，将会多么安宁啊！要是有那么一个宗教团体，不仅立誓永恒缄默，而且还永远卧床休息，我会很高兴加入这样的团体！"

战争终结了怀特的世界。与马恩岛上那些被拘留者一样，他也在自己的岛上被监禁了。他既无法离开爱尔兰，也不能进入英格兰，与大卫·加奈特（David Garnett）（加奈特在一战期间就是一个有良知的反战人士，时为邓肯·格兰特的恋人）和科克雷尔等友人的通信时断时续。

---

① 约翰·拉斯金（John Ruskin，1819—1900），英国作家、艺术家、艺术评论家、哲学家、教师和业余的地质学家。

② 科克雷尔最初的艺术兴趣和社会想法是因约翰·拉斯金而形成的，他曾在自己的作品中表明："拉斯金是迄今为止对我的早年生活影响最大的人。"在他们1885年第一次直接联系后，科克雷尔便写信给他的英雄——六十七岁的拉斯金，并寄送了一套海贝收藏品。

③ 诺埃尔·科沃德（Noël Coward，1899—1973），英国编剧、导演。

④ 朱利安·赫胥黎（Julian Huxley，1887—1975），英国生物学家、作家、人道主义者。

在一个电话、电报、无线电广播和雷达已经时兴的年代，怀特还紧守着他想象中的古代英格兰，只写信、记日记。他认真地考虑过是否要皈依天主教，每个周日都去做弥撒，奉行禁欲，甚至想过如果不参战，是否要去做一名教士。

但是，当他写作关于战争和古代英雄的史诗故事时，他意识到记述亚瑟王的传奇也决定了他本人的命运：别无选择，他只能参战。在战争中置身事外是对他的创作的背叛，更是对他身心所属的国家的背叛。他看到了自己与钟爱的动物的相似之处。他说，自然界里，只有蚂蚁与蜜蜂才会发动战争。动物没有财产，也没有工业。它们宁可避免冲突，而不愿挑衅。"现在，我们能从全面废除战争的动物那儿学到什么呢？"他确实捕过猎，但那只是杀死了他钟爱的动物，因此，他并不喜欢杀人。

深沉的哀伤过后是激进的思想。他的爱犬小棕仙死了，"他的心都碎了"。他的小猎犬和主人一样性情古怪：它会收养雏鸡和仔兔，把它们带回来睡在一起；由于它和怀特同睡一张床，因此主人不用担心被兔子咬到。它还在餐桌底下收藏了一堆石头，并定时增加自己的藏品。它死去的当天，怀特有事去了都柏林。他悲痛欲绝，与小棕仙的尸体待了整整两个昼夜，后来把它葬在花园里，并剪了它的一绺金红色毛发，用胶带粘在日志里。

随后的一周，他每晚都去它的墓地探望："好姑娘，睡吧，睡吧，小棕仙。"他用熟悉的催眠曲哄着它，因为他仍旧相信小棕仙灵魂不散。他自己也承认这么做是发疯，"可是，万一呢"。"小棕仙是我生活的核心"，他宣称，它是他唯一敢于爱上的生灵。他为小棕仙死去时自己不在身边而自责，他觉得自己辜负了它，杀死了自己的最爱。

这时，战争已经结束，来不及参战了。怀特更加深居简出。他搬到了英吉利海峡边的奥尔德尼岛（Alderney），一方面是为了避税，另一方面是因为只有这座岛能接受他的新犬基莉。在这里，他发现了大海："人不再是自己的主宰，而成了日月的侍从，潮起潮落，沧海桑田，潮汐才不在乎人类的三餐或作息。"1959年，他在岛上接受了英国广播电视台的采访，主持人名叫罗伯特·罗宾逊（Robert Robinson），是一个严谨细致的年轻人。

怀特烟斗从不离身，他才五十三岁，就已经满头白发，一脸胡须，晒得黝黑，看起来比实际年龄更老。他的岛居生活让他的性情变得更怪了。他被称为"英国的海明威"，却缺乏美国海明威的阳刚之气：采访开头是一个定格画面，怀特举起一只霰弹枪朝着自己的头部；目光闪烁，透出顽皮与嘲弄的神情。他对罗宾逊说，作为一名作家，他每天都"潜水观察游鱼"，这也是体能训练的一部分。他最近穿戴着旧式头盔和橡胶衣参观了一艘海事潜水船，他想起来，这就跟穿了整套盔甲差不多。

"我在水底遇见了另一位潜水员，我们紧靠在一起，就像是一对发情的海牛……被这些健硕又温柔、一身古铜色皮肤的年轻人照顾真是令人高兴。"他写道，一群水手帮他穿上潜水衣，就像是一群侍从在服侍他们的骑士。他让人在十九世纪别墅的花园里挖了一个大坑，建了一座泳池，泳池的形状参考了角斗士的竞技场。在采访中，我们看到两个小孩在泳池边跳水。他还在泳池附近为一位罗马皇帝建造了一座圣殿——"我觉得哈德良皇帝是一个很不错的小伙子"。在此期间，他为一部关于海鹦的电影做解说，画了一幅意向不明的超现实主义油画，画中有一位裸体女性和空洞的双眼。他似乎对于自己的独居生活很满意。至少我们透过摄像头看到的情况是这样。

怀特属于一个另类的族群，他和另一位博物学家亨利·威廉姆森（Henry Williamson）不无相似之处。威廉姆森是《水獭塔卡》（Tarka the Otter）的作者，他住在北德文郡，常常在此露营、裸泳，他相信关于神圣的"古老阳光"的英国种族记忆，也相信法西斯主义的力量（他曾试图征募T. E. 劳伦斯入伍。这位劳伦斯打仗时还带着马洛里的《亚瑟王之死》，也是大卫·加奈特的好友）。但怀特自始至终都不拥护任何形式的政治团体。他对着摄影机，不停用烟斗戳着自己的脸，好像在自卫似的，他说："我不常想到自己。我不知道自己是什么样的人。"

他承认自己是一个"孩子气的男人"，他向忠实的听众罗宾逊抱怨，自己被定性为一个"古怪"的作家。他说："我年幼时，你应该已经成年了吧，有人说我逃避现实，这是挑衅。"他是"中产阶级，爱德华七世时代的英国人"。正如他所说，他没必要对现代世界卑躬屈膝，他指责这个世界永远不停地播响战鼓，直至淹没在对原子弹的恐惧之中。他遗世独立，《永恒之王》一书大获成功后，他仍然与世隔绝。这本书后来改编成音乐剧《卡米洛特》（Camelot），有人把这张专辑当生物礼物送给我，我由此记下了歌词。怀特曾邀请朱莉·安德鲁斯① 来家里做客，请她演唱其中的歌曲。

接受英国广播公司的采访时，怀特表现出一个与平时不同的、开朗的自己，一个放逐到岛上的英国作家，国内税务局管不着他。然而，他在奥尔德尼岛的生活却因某些不可控因素而变得复杂了。他爱上了一个举家前来拜访的男孩。怀特使尽浑身解数取悦那个男孩——我们只知道他叫"泽德"——像普洛斯彼罗一样大显神通。但是，在西尔维娅·汤森

---

① 朱莉·安德鲁斯（Julie Andrews），英国女演员、歌手、舞蹈家及戏剧导演，也是多部畅销儿童读物的作者。

德·华纳在1967年出版的以真实著称的《怀特传》中，泽德的名字并未被提及。不妨想象一下，泽德会不会就是我们在那部黑白电影中看到的那个夏日阳光下的男孩，怀特是不是在他身上看到了年轻的自己——一名骑士侍从，梅林身边的沃尔特①。

这段关系，在怀特这方面来看始终是"体面的"，但最终闹了个不欢而散。当他意识到这件事不可能会有结果时，他斩断了与泽德的一切联系，怀着一颗受伤的心离开了。他在那年夏末时写道："我所能做的就是保持绅士风度。我天生拥有无尽的爱和欢乐的能力，却不可能用上这种能力，也许这就是我可怕的宿命吧！"纵使写作让他名利双收，却并不能保护他免受他自己和他的人类情感的伤害。他生动的想象力和天生的孤独感——源自他现实生活中本质的非现实性——只是让事情变得更糟。怀特深居简出是出自本性，就像动物天生不会说话一样。

这次采访过去五年后，怀特在去美洲巡回演说的归程中去世了；当他乘坐的船只驶过亚速尔群岛时，他写下了最后一封信。他死去几天之后才在客舱中被人发现，死因是心脏病。他曾对大卫·加奈特说过："我希望我能寿终正寝。死亡的本质是孤独，而我的一生始终是孤独的。"1964年1月20日，他葬于雅典。英格兰永远都不会是他的身属之地。他也不会再在阿尔比恩生活，不过在亚瑟王传奇的某些版本中，神话中的国王死后会变成一只乌鸦，在英国西部各郡，乌鸦被视为皇家禽鸟。

在丘陵高处，我望着曾经在其中游泳的海水。大海书写着自己的故事，来来去去，永恒往复，冷酷无情地向我们人类发起进攻，而我们在

---

① 沃尔特即幼年时的亚瑟王，老魔法师梅林负责训练并教育他。当沃尔特不经意地拔出石中剑，预言中的君主亚瑟王就此出现。

它面前终究是渺小无助的；我们屈服于同样的无助，就像一对感恩的恋人，在紧紧的拥抱中温柔地耳鬓厮磨。

然而，这座岛屿并不是所有人的避难所。这一年稍晚些时候，我在一次渡轮旅行途中去了新港外的一所高墙监狱。这里关押的囚犯罪行十分严重，狱友会在他们的食物中掺玻璃渣子。他们的囚室比圣徒的居所大不了多少，而在外面的院子里，苗圃中的金盏菊明亮耀眼，并立有一个用铁丝网圈成的大鸟笼。监狱礼堂内，从水泥房顶渗下来的雨水滴到一个水桶里。我就在这里给这些犯人讲授写作课，他们像成年的孩童一样做练习，他们写到了动物，写到了大海，写到了他们能感受到的地方，那都是属于过去的、在高墙之外的记忆。

我沿着绿色的山脊往回骑，白垩岩的山坡越走越高，丁尼生苦难的阴影落在了我的身后。远方，一艘渔船的挡风玻璃上反射着落日的余晖，闪闪发光。一个小时后，渡船将我送回了大陆。燕鸥在渡轮尾流处盘旋，不停地冲进白色的浪花里。船只驶入码头的时候，夕阳的余晖迅速地消退不见了。

第三章
内陆之海

世界既是如此动荡不安、支离破碎；又是如此美丽、奇特、神秘而深刻。事实上，在这样的世界上生存，本身就是冒险。无论如何，行尸走肉般的生活是不足取的。

——沃尔特·德拉梅尔，《荒岛》，1930年

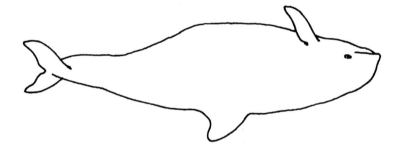

郊区，掠过一系列荒凉的站台，只余扬声器发出的无人倾听的空洞声响。白桦树整齐地排列在铁轨两侧，像起皱的锡箔一样闪闪发光。垃圾袋被风吹到梧桐的枝丫上。火车继续前进。一只死獾躺在铁轨中间，狐狸从灌木丛中缓缓走出。破椅子和烂床垫倾倒在墙角和铁丝网栅栏旁。不过，一旦我们离开，大自然几周内便会让这里的一切恢复如初。

自从在这里住下，离开伦敦就像是一场逃亡。这座城市既让我惧怕又使我兴奋。纵横交错的街巷可能让我迷失方向，冷漠无情的郊区环绕着伦敦的黑色心脏地带，混乱的大街像一条贪婪的八爪鱼。过去我常想，一旦战争爆发，我该如何回家？一旦警报拉响，或无线电里传出新闻快报，我该如何沿着高速公路或小路，穿过这漫无边际的郊区，找到南下的道路？

伦敦沿着河流扩张，像染色一样晕开来，其规模之大，扩张之快，令我感到陷落又沉迷。我走进这些被朋克及其后来者打造得异常迷人的阴暗地下室，这里迸射出活力和狂热，又像洞穴一样沉寂无声。我学着喝酒、吸毒、打扮，仿佛每晚都是第一次，也是最后一次。我想体验海报中的生活，逃离我原来的生活。然而，我总想回家。

水路纵横的伦敦是封闭的，但你只要坐上巴士就可尽享自由。巴士线路大概自建城之初就开始运行，巴士载着幽灵般的乘客穿过那些不断变化又恒久不变的街道——一代一代以来，巴士站台上的人们都是这么说的。坐在摇摇晃晃的双层巴士顶层，熟悉的景象一览无余：从老街到城市路，从银行到圣保罗大教堂，从黑衣修士桥再到泰晤士河。新的商店和摩天大楼如雨后春笋般拔地而起，它们是城市繁荣昌盛的象征。只是有一天清晨，我正躺在家里的床上，差一点被爱尔兰共和军的炸弹震下了床，除此以外，倒还安然无恙；如今，在这个不断扬弃又不断重建的城市里，那些钢铁玻璃的大楼建得更高了。

坐在双层巴士上，仿佛盘踞在不太稳当的鹰巢中，我俯视着行人们匆匆而过。巴士在街上缓缓行驶着，对周围的一切躁动漠不关心；车辆在蓝色的雾中堵得水泄不通；上班族手里提着公文包，捧着咖啡，一边鬼鬼祟祟地走路，一边偷偷摸摸地抽烟。

这条乱糟糟的路上也有我的故事：避暑胜地邦希田园（Bunhill Fields）的草坪下，安葬着威廉·布雷克的遗骸和成千上万死于鼠疫的人；我在巴茨医院维多利亚风格的诊室中动过手术，我的脊柱上长了奇特的白斑，医生仔细检查后诊断为局限性淋巴管瘤，看看我的背就能一目了然，淋巴管瘤切除后，我的脊柱上留下了像打结的绳子一样的疤痕。我曾身着廉价西装，在舰队街①的一家报社轮班——那是由打字机和酒精构成的最后的帝国。还有霍尔本山（Horborn Hill），在《荒凉山庄》的开头，

---

① 英国伦敦著名街道，是英国各大媒体的总部所在。

狄更斯幻想有一座泥泞的城市，"仿佛海水刚从地表完全退却"，"一头四十英尺长的巨齿龙，像一只巨大的蜥蜴摇摆着身体"，刚刚从泰晤士河的淤泥中爬上来。那些被遗忘的人，沿路留下处处遗迹，他们的梦想隐藏在满脸的胡须下；还有那些肌肉僵硬的蝾螈，它们从地下水道里伸出鳞状的大腿。这是个奇怪的地方，河水被迫在地下流淌：霍尔本本意是指山谷溪流或小河，它是汇入舰队河的支流之一。

一个恰好身兼潜水员的艺术家告诉我，他多年前是如何在皮姆利科（Pimlico）区潮湿的地下室里生活的。那里寒冷潮湿，不堪忍受；为了给双脚保暖，他在靴子外面裹上大块的泡沫塑料，在床下面也垫了一层泡沫塑料。有一天，他看到外面的大部分砖砌路面已经剥落，像是渗出的水流切割开的一幅拼图。这水不是来自下水道和排水管，而是从河床的碎石间流出，仿佛有人在这座城市的外壳上戳了一个洞。

与芝加哥、东京、威尼斯、香港、纽约、阿姆斯特丹、圣彼得堡、曼谷、墨西哥城等许多城市一样——或者像温彻斯特（Winchester）那样的圣地，大教堂的地基受爱德华时代的潜水员威廉·沃克（William Walker）襄助得以修复，又或者像沼泽地区的伊利市（Ely），整个城市仿佛行于沼泽上的船只，此地的鳗鱼也同样有名——伦敦宛若幻象，它漂浮在沙砾和黏土之上。潮水无所不在，河流将大海引入了这座城市。有时，人们有意引海水进来，比如创建于1804年的沙德勒威尔斯（Sadler's Wells）水上剧院，九十英尺长、二十四英尺宽、三英尺高的沉降式水塘由新河供水，新河就是一条人工引水渠。

人们在这所水上剧院能观赏到直布罗陀海峡围攻战的表演，看到海马拉动的海神战车，以及其他一些"惊险骇人的表演"：从岩石上坠落的一名女性被爱人救起；水手们从着火的船上跳下；婴儿被保姆扔进水里

（保姆收了钱要溺死婴儿），结果被一只纽芬兰犬救起。这些场面感人至深，以至于在表演结束时，竟有很多观众跳入水中亲验真伪。即使在这个世界上最伟大的城市中，一个能游泳的剧院也是卓尔不凡的，只有牛津大街1971年开幕的海豚馆能与之媲美。馆中建有十二英尺深的暗绿色地下水池，有一群穿着泳衣的"美人鱼"，还有一头海狮、一只企鹅和三头分别叫作斯巴克、邦妮和布兰迪的海豚——这三头被驯服的海豚，戴上塑料帽子向游客们展示惯常的花式表演。

现代伦敦几乎不承认这个城市是因河流而生的。直到十九世纪中期，泰晤士河上才筑起堤坝。沿河岸不能步行或骑车，但可以沿台阶下到河边，老地图上标出了这些台阶——寺院台阶、埃塞克斯台阶、阿伦德尔台阶、萨里台阶、索尔兹伯里台阶、白厅台阶。而街道的名称，比如斯特兰德大街[①]，是为了纪念这里曾是一片海滩。过去的泰晤士河比现在作用更大，河水涌入城市，冲刷着建筑物的地基。现今，堤坝俯临河水，形成绝佳的屏障——汽车驶过河边，火车开过铁路桥，上班族往来穿梭；大河奔涌，穿城而过，但没有人理会这强大而黑暗的神灵。尽管河水污浊，泥沙俱下，河底满是垃圾，但是对于这条河，我倾向于本杰明·富兰克林（Benjamin Franklin）的观点——1725年，他在林肯律师学院广场附近当印刷学徒工时，经常会跃入河中。

他是个游泳迷。他在自传中写道："我从小就喜爱这项运动，研究并练习了泰夫奈（Thevenet）的动作与姿势，并加入了自己的一些动作，希望能游得更加轻松优雅，又不失其实用性。"在去英格兰途经怀特岛时，他看见鼠海豚、逆戟鲸和海豚，甚至跳下海绕着船游泳，想要加入它们的行列。他在伦敦的时候，还教过一个学徒伙伴，"一个心灵手巧的年轻

---

① 英国伦敦中西部街道，以其旅馆和剧院著称。

人，名叫华盖特"。一次，富兰克林坐船去切尔西（Chelsea）旅行，他决定向这位同伴展示他的游泳技巧。他脱光衣服，跃入河内，然后再游回黑衣修士桥，"在这个过程中，表演了水上和水下的各种游泳特技。这场表演让人又惊又喜，船上的人认为这些泳技实属新奇"。他甚至考虑在伦敦开办一所游泳学校，但后来，命运驱使他做了另外的事情。

不忙的时候，我有时会走下巴士，在伦敦市狭窄的街巷中漫步，经过那些古老的律师学院和它们安静的荣誉庆典时，就彻头彻尾变成了局外人。小巷通往林肯律师学院广场，二十世纪八十年代，流浪汉占据了广场的灌木丛，他们把这里当作露营地，在枝繁叶茂的梧桐树下铺上了塑料布。约翰·索恩（John Soane）爵士的故居坐落在广场的一边，阴森森的房间里有许多古老的石膏模型，光影迷离；广场另一头的皇家外科医学院，门面毫不显眼，小陈列室中摆满了各种各样的奇珍异物。

爬过一段宽宽的楼梯，沿路挂着历任院长的肖像，映入眼帘的是墙上四块破烂的木板。这些破木板看起来无伤大雅，但你要是知道上面满覆着人类的神经和血管，就不会这么坦然了。这套可怕的家具属于日记作者约翰·伊夫林①，是他1643年在意大利帕多瓦（Padua）买到的。木板是人体精炼而成；其他一切——肉和脂肪，骨头和内脏——都去掉了，只留下这些颠倒的台面，台面纹路纵横，就像凝固了的水系。这些家具触目惊心，令人毛骨悚然：一排玻璃橱柜，架子上摆着数不清的玻璃罐子、瓶子和盒子，里面装着任何你能想象到的人类和动物的身体器官。整个世界天翻地覆，在收藏者手中分崩离析。

约翰·亨特（John Hunter），1728年生于苏格兰，是一名外科医师和

---

① 约翰·伊夫林（John Evelyn，1620—1706），英国作家，英国皇家学会的创始人之一，曾撰写过美术、林学、宗教等著作三十余部。

解剖学家，曾在巴茨医院实习。他先在军队服役，后在伦敦开始执业。他的兄弟威廉是夏洛特王后的产科医师，后来接生了乔治四世。约翰·亨特作为一位极负盛名的医生，非常受人欢迎。他的病人中有年老而智慧的本杰明·富兰克林，他因患膀胱结石而痛苦万分；拜伦勋爵出生时他也在场，并给拜伦的畸形足开出了正确的引导疗法，但他的建议并未获得诗人母亲的重视。他的这两个病人都热爱游泳，亨特针对溺水的救治措施大概派上过用场：他建议采用的电击疗法能让停跳的心脏恢复跳动。

亨特的好奇心永无止境。他的座右铭是：别光提问，亲身实验。他是第一个对牙齿进行了科学性的描述的人，并成功地把一名病人的牙齿移植给另一个人。他甚至拿自己做实验，先用柳叶刀在妓女的病变部位蘸一蘸，然后割开自己的龟头和包皮，植入淋病细菌，结果自己也患上了梅毒。另外一个引人注意的例子是，他曾委托他的学生爱德华·詹纳（Edward Jenner）给刺猬测量体温。

亨特是一位伟大的老师，但他直截了当的风格并不讨人喜欢，对鲜血的明显渴望也让人无法亲近他：威廉·布雷克在其讽刺滑稽戏剧《月球孤岛》（*An Island in the Moon*）中，以亨特为原型刻画了杰克·蒂尔古茨（Jack Tearguts）这样一个人物。在伦敦，亨特在莱斯特广场有一所宏伟的住宅，客人们在餐厅会看到一个镀金框的勃起阴茎的标本。他在乡下的住宅位于伯爵宫，他会乘坐牛车过去，《绅士杂志》（*The Gentleman's Magazine*）将其描述为"距布朗普顿（Brompton）约一英里，位于旷野之中"。那里一派田园风光，栖居着"自然选择的最怪异的动物"。在这里，亨特被活的博物馆环绕，这是一个宏大的、进展中的实验：

鸥鸟、鹰隼、鸦的砂囊，

发情的蜥蜴，禽鸟的骨刺，

野猪的骨头，雕的气囊，

呻吟的野犬，吠叫的猎犬，

圆滑的负鼠，多刺的刺猬，

水牛、睡鼠、狼与狗。

美洲豹和豺狼在巢穴蛰伏，斑马和鸵鸟于草原漫步。老鹰被锁链拴在岩壁上，水牛在牛棚中安卧，长颈鹿啃食着树叶。还有一个熬煮尸体的锅炉，里面既有动物的也有人类的尸骸；还有一个地窖，希望那里没有活体标本——不过，如果埃克塞特交易市场中确有兽群雕刻，我怀疑这里也极有可能存放着活体。

自十三世纪起，动物展览已变成伦敦生活的一部分。那时，约翰国王在伦敦塔中饲养着巴巴里狮①，它们的遗体从那时起就被鉴定为灭绝物

---

① 巴巴里狮是狮子的指名亚种，曾分布在北非摩洛哥至埃及一带，但已于野外灭绝。现在欧洲只有不足四十头饲养的巴巴里狮，全球则少于一百头。

种。伦敦塔里另外还养着大象、猎豹和一头北极熊，北极熊被一条长长的锁链拴着，在泰晤士河中捕鱼为食。十八世纪，这些来自异域的动物让这座城市每每兴奋不已，那仿佛就是场戏剧表演。在这个交易市场里，有狮子、老虎、猴子、鳄鱼、海狮、犀牛，甚至有一头名叫查尼的印度象取悦着戴软帽的女士和穿长筒靴的花花公子，这些动物全被关在只比它们的身体大一点的笼子里展出。它们被关在斯特兰德大街一栋建筑物的楼上，那里是名副其实的野兽商场。马走过楼下街道时，会因为楼上狮子的吼叫而惊跳起来，还曾有人骑着一匹斑马去皮姆利科。

参观者中有简·奥斯汀和拜伦勋爵。拜伦写道："一头大象拿走我的钱后又归还给我。它脱下我的帽子，打开门，用鼻子卷起一根鞭子……它的表演很棒，我都想让它来当我的管家了。"1826年，大象查尼在笼子里转身时，意外地踩死了它的德国饲养员。后来，牙齿化脓的查尼试图撞开铁栅栏，墙都摇晃了，动物园园主感觉整个动物园乃至伦敦的大街小巷都在晃荡，"同一间房内还关着狮子、老虎和其他猛兽，查尼可以轻而易举地把它们放出来"。萨默塞特府周边的士兵全部被召集来了。饲养员命令大象顺从地跪下，士兵朝象笼开了枪；与此同时，其他的动物也一起咆哮起来。"大象发现自己受了伤，发出一阵声嘶力竭的哀号"，它试着用鼻子挣脱禁锢，随后躲到笼子后面，结果却被长矛刺中。

大象查尼身中一百五十二发火枪弹——外面聚集的群众愿意花钱看它被处决——最终，这头大象被饲养员用鱼叉结果了性命。同被捕获的鲸鱼一样，查尼垂死挣扎，场面一团混乱；它的尸骸也同样受到人们的觊觎。皇家外科医学院的学生肢解了查尼的尸体，它的骨架被放在医学院展览，象皮被当众拍卖，象肉则随附"炖象肉"的食谱拍卖。寄往《泰晤士报》的抗议信促使伦敦动物学会于当年成立，该学会旨在推行更文明的保护动物的措施。一名义愤填膺的记者被这种"残忍的景象"触怒，写道："把大象或任何其他野兽关起来，如果没有配偶，或者笼子太小，小得还不及盛殓尸体的棺材大的话，这种行为就是不人道的。"

但当时，伦敦的此类景象并不局限于动物展览。华兹华斯自传体长诗《序曲》（*The Prelude*）中描绘了一个喧嚣骚动的人类动物园——巴塞罗缪市场。在圣巴塞罗缪医院旁边的空地上，"戴着银项圈的黑奴"和"白化病人、全身涂漆的印度人、侏儒、有知识的马和有学问的猪"一同参加"怪物议会"。这也是由布雷克演化而来的世界,在这个世界里,墙上是启示录式的涂鸦:"乔安娜·索斯科特①""屠杀犹太人""基督即神"。与这类场景相比,大象查尼的死似乎还有价值,它召唤出了古老的罗马城,也同样唤起了这座将其取而代之的帝国首都——伦敦。

在林肯律师学院广场安静的一隅,架上的陈列品皮肉尽除,只余下惨白的颜色,就像你弯曲手指关节时皮肤的那种颜色。一个罐子里装着黑猩猩的头颅,眼睛半开半闭,像一具玩偶;另一个罐子里,一只老鼠浸泡在福尔马林溶液中。其他罐子里是各阶段发育成形的婴儿,它们漂浮在烟草色的液体和紧迫的玻璃子宫里。

房间尽头有很多画像,显然与大厅里那些有名望的外科医师不同,画像描绘了花斑病患儿、病理性肥胖患者和一对暹罗双胞胎。可取之处在于,除了患者的奇异病状之外,画像记录了患者的名字和面孔,其中就有丹尼尔·兰伯特②,他死时身体鼓胀,体重达五十二英石③;还有查尔斯·伯恩④,他高达七英尺七英寸的骨架被亨特以五百英镑的高价购得,尽管查尔斯·伯恩的遗愿是葬身大海。"外科医生都申请索要这个可怜的已逝的爱尔兰巨人,"当时一份报纸提到,"他们包围了死者的房子,就像格陵兰岛的捕鲸者围捕一头巨鲸一样。"在亨特伯爵宫里的锅炉里熬煮之后,伯恩的遗骸仍然比另一个不幸的人要高出很多,后者四分五裂

---

① 乔安娜·索斯科特(Joanna Southcott),自称先知并宣称她怀了基督,会在1814年的圣诞节将他产下。她在1814年圣诞节那天去世,验尸结果证实她并未怀孕。

② 丹尼尔·兰伯特(Daniel Lambert,1770—1809),来自英国莱斯特郡的守门员和动物饲养员,他以不寻常的硕大身躯而出名。

③ 英石,英制重量单位,一英石相当于十四磅。

④ 查尔斯·伯恩(Charles Byrne,1761—1783),被称作"爱尔兰巨人",当时的人们将他视为奇人或怪物。

的遗骸拼起来，显现出扭曲的脊椎、胸腔和骨盆，奇形怪状如同哥特式装饰，又如伸展的珊瑚。

亨特这些病患的立体标本提醒我们，病理学的研究对象就是病痛本身，"病理学"一词源于希腊语"悲情"（pathos），意思就是感受或苦难。在这座令人作呕的陈列室里参观医学上的罕见病例标本时，我却对那些装着鲸鱼胃黏膜的玻璃罐子产生了浓厚的兴趣，其复杂盘绕的形状让我惊异地想到，自己的内脏也是这样的，仿佛长满钟乳石的溶洞或突出的暗礁。不过，后来参观另一家医院时，我在显示屏上看到微型摄影机顺着我的肠道迂回行进拍到的图像：里面是令人放心的粉红色，形状像蠕虫。与此同时，我和医生比较了人类与鲸鱼的肠道长度，他告诉我，人类的肠道差不多和网球场一样长，而鲸鱼的肠道长达四分之一英里。

人类的身体与海洋一样充满了未知，既熟悉又陌生；大海就在我们的身体内部。亨特收集的鲸类动物内脏表明，这些动物及其生理机能在这位外科医生看来同样神秘，并因此格外令人着迷。他曾写道："我们对海里的动物的了解比陆生动物更少，而且我们也并不真正理解那些熟悉的动物；当信息不充分时，我们常常过分依赖类比来进行推论，这种情况很可能会一直持续下去，我们对深不可测的水域所做的不称职的研究就是如此。"他是第一个全面描述鲸类动物的科学家，而且描述得颇为准确，其论文《对鲸鱼生理结构和机体功能的观察》于1787年6月28日由约瑟夫·班克斯①在英国皇家学会宣读，后来又在《英国皇家学会哲学学报》（*Philosophical Transations of the Royal Society*）上发表，文章

① 约瑟夫·班克斯（Joseph Banks，1743—1820），英国探险家和博物学家，曾长期担任英国皇家学会会长，曾随库克船长做环球旅行，参与澳大利亚的发现和开发，还资助了当时许多年轻的植物学家。

扩展到了八十多页。

亨特的文章提出了一种新的对等观念。他试图揭示所有生物外观形态和生理结构的关系。有什么比鲸鱼更好的动物——他不厌其烦地描述到，这种动物和人类既相似，又有很大不同——可供选择呢？亨特竭尽所能地研究深不可测的海域，而他从未离开过陆地；是鲸来就他，而非他去就鲸。

1783年，一头二十一英尺长的雌性北瓶鼻鲸（一种奇怪的动物，头部呈球形，在有突吻的鲸鱼中，北瓶鼻鲸能下潜得很深）在伦敦桥附近被人捕获。这座桥下有另一头同类鲸鱼游过，已经是两百多年后了，这件事在当时引起了轰动。十八世纪，这头迷路的鲸鱼远离家园，招来了致命的灾祸；它被著名的鲸油商人奥尔德曼·皮尤（Alderman Pugh）捕获，"他非常礼貌地准许我检查了它的生理结构，并且让我带走了它的骨架"。几乎与本杰明·富兰克林在这片水域中游泳的景象一样令人吃惊的是，这头鲸鱼的出现使亨特在获取研究样本时遇到的挫折愈加明显。"这样的机会太难得了，因为那些动物只能在遥远的海域找到，而在追寻自然历史方面，从未有人探索过远海；它们也很难从那里活着被带回来，这样，我们就无法在适合的状态下解剖它们。"

然而，令人感到惊讶的是，在亨特的研究生涯中，曾有大量鲸类冒险游入泰晤士河，仿佛是为他的收藏而出镜试演一样。1759年，一头二十四英尺长的逆戟鲸在泰晤士河河口被捕获，后由驳船拖往威斯敏斯特大桥。1772年，另一头十八英尺长的逆戟鲸被捕获；1788年，多达十七头抹香鲸在泰晤士河下游搁浅；1791年，人们沿着泰晤士河追捕一头三十英尺长的逆戟鲸，一直追到德特福德市（Deptford），并最终将其杀死。

同时期，南安普敦也发生了鲸鱼游入城镇河口的类似情况，这些鲸鱼的下场也都差不多。鲸在这里并不罕见——在南安普敦汉姆维克镇，鲸鱼的骨头被用作砧板并加工成梳子——在此前后，其他的城镇也都是这么做的。1770年5月，"有人发现一条大鱼正在伊钦河（Itchen）里上下翻腾"，垂钓者将其赶到了诺萨姆市（Northam），一名守夜人看到它在浅滩上搁浅了，便趁机用长刀刺中了它的头部。后经证实，这是一头鲸鱼，它长三十英尺、重六吨，可能属于瓶鼻鲸。当地报纸称："此事件前所未闻，特此在南安普敦市设展，这头巨兽将展出到周三。"据《年鉴，或历史、政治、文学年度观察》（*Annual Register, or, A View of the History, Politicks, and Literature,of the Year*）中1798年夏天的简报记载，"一条巨型大鱼已死去多日，曾有人看见它在河中游动，人们想将其运走，但多次尝试都徒劳无功"；不过，新森林轻骑兵步枪队的理查德·艾亚密（Richard Eyamy）先生曾尝试把卡宾枪空包弹射进鲸鱼身体两侧，"然后，空包弹穿透了十八英尺厚的肉块"。

　　这头大鱼——经证实也属于瓶鼻鲸——翌日在马奇伍德军港滩涂地上被发现时已奄奄一息，有三个人攻击了它，"将一根铁棍插进了它的喉部，这显然给它造成了巨大的痛苦"。它被拖回伊钦河附近的村庄，进行公开展览——"每人三便士"——"大批群众"从南安普敦时髦的温泉镇渡河过来，就是为了观看"这头稀罕的自然奇物"。《鲸鱼》一书的盎格鲁-撒克逊作者曾非常惧怕这些动物，他想象这些动物以甜美的异香诱惑水手，就像诱惑小鱼一样，将他们一口吞入"血盆大口"。现在，鲸鱼成了珍稀动物，但还不止如此。那曾是英国捕鲸业的黄金时期，伦敦自诩为格陵兰岛的码头，是世界上最大的捕鲸港，其周围环绕着炼油厂，炼制的鲸油供给伦敦的街灯，鲸骨则制成时髦男女穿的紧身搭。

为寻求新鲜且更有趣的样本，亨特"以重金相许"，委托一位外科医生随一个英国捕鲸者乘船去了北极地区。不幸的是，这位年轻人仅带回一些布满寄生虫的鲸鱼皮肤样品。不过，亨特不必舍近求远；鲸鱼常常来到他的面前，为这位科学家呈上了一本不同寻常的名册：

五岛鲸或鼠海豚，雌雄都有。

曾有两头逆戟鲸；其中一头逆戟鲸长达二十四英尺，两侧和背部均呈黑色，仅腹部呈白色；另外一头长约十八英尺，腹部为白色，但与前一头相比，白色范围更小，几乎被黑色部位遮蔽住了。

短喙真海豚，或者叫瓶鼻鲸，伯克利的外科医生詹纳先生曾送给我一头十一英尺长的。

曾有一头长二十一英尺的，头形与上一头很像，但种类不同，下颚只有两颗牙齿；腹部呈白色，被背部的黑色掩盖住了。戴尔在其《哈维奇港考古》中描述过这种动物。我检查的这头应该还比较年轻，因为我收藏了一个其同类的头骨，大概是它的三倍大，根据头骨大小看，那头鲸鱼身长肯定有三四十英尺。

一头十七英尺长的法布里休斯露脊鲸。

弓头鲸，或者叫大须鲸；巨头鲸，也叫抹香鲸；独角鲸，又叫一角鲸。我都检视过。其中一些我曾有机会做过精细检视，另外一些只做过局部检视，这些样本在我到手前已保存过久，只能做些很粗略的检查了。

这些精美的鲸类标本整齐排列在亨特的陈列室里，就像交易市场中的那些活生生的鲸鱼一样。作为医生，亨特既然能熟练解剖人体，自然也就是鲸鱼解剖专家了。在医生的解剖刀下，鲸鱼向世人展现了它们的内在美，其内脏有效地证明了它们属于哺乳动物，而不是鱼类——甚至卡尔·林奈[①]最初都被迷惑了。这位瑞典教授在乌普萨拉（Uppsala）家里的门上钉着一幅瓶鼻鲸及其幼崽的漫画，与亨特精确的雕刻作品形成了鲜明对比。鲸鱼脐带的证据也许说服了林奈，不过漫画和雕刻的差距证明亨特领先了一步。

---

① 卡尔·林奈（Carl Linnaeus, 1707—1778），瑞典植物学家、动物学家和医生，瑞典科学院创始人之一并担任第一任主席。他奠定了现代生物学命名法——二名法的基础，是现代生物分类学之父，也被认为是现代生态学之父之一。他的著作有很多都是用拉丁文写的，他的名字在拉丁语中是 Carolus Linnæus，在1761年后为 Carolus a Linné。

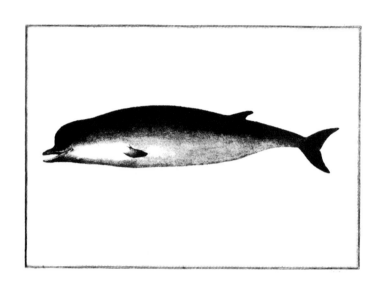

亨特钻研探究着鲸的世界。他阐述了鲸的生理组织结构，决心要用更好的方式对其进行合理排序。尽管亨特以诗化的意象成就其美，但其实鲸显露了多少，就同样隐匿了多少。例如，面对一头六十英尺长的抹香鲸时，亨特记录道，鲸鱼骨架与其真实体形之间并没有多少关联性；抹香鲸的骨架与表皮之间"填得满满的，骨头就像完全被藏起来了，这让鲸拥有优雅而统一的形态，犹如昆虫裹在茧中"。这些哺乳动物因其光滑的外表而愈加神秘，与它们那些陆栖的、长有四肢和趾爪的远亲相比，它们身形简洁利索。鲸鱼流线型的身体让它们的水下行动轻盈快捷，毫无妨碍。

然而，在抹香鲸光润的脂肪层下，亨特发现，它的心脏比浴缸还要大，舌头就像一张羽绒床垫，而油脂像是黄油，"手感如凝脂"。缟鳁鲸——通常又称小须鲸——有五个胃，海豚和逆戟鲸也是如此，而瓶鼻鲸有七个胃。亨特对鲸鱼内脏尤其感兴趣。他注意到，他以前的学生詹纳先生出于对科学的兴趣，甚至品尝了瓶鼻鲸的乳汁，并发现"鲸奶口感浓郁，像加了奶油的牛奶一样"。

没什么能逃过亨特的眼睛：他的研究报告巨细靡遗，既具美感，又洞察深刻，科学严谨。他进一步指出，鲸鱼皮肤内神经末梢的灵敏性在水中会大大增强，它们的视力在水下也会更强。然而，正如后来担任这批藏品助理管理员的理查德·欧文（Richard Owen）教授在亨特作品集里指出的，亨特也不免犯错。比如，亨特曾断言鲸鱼的喉部除呼吸作用外没有其他功能，欧文向他博学的朋友、同时也是合作主编的托马斯·贝尔（Thomas Bell）征询了意见，贝尔认为"关于鲸类能够发出声音这件事，即使达不到毋庸置疑的程度，证据也是强有力的。它们能发出各种声音，怒吼声、咕噜声、悲泣声……"。

亨特在后院熬煮鲸鱼尸体的时候，是听不到这些声音的。与此同时，煮沸的铜质大瓮里出现高纯度的鲸蜡和结晶体，伯爵宫由此变成了一座捕鲸站，而外屋彻底成了尸骨存放地。现今，这些乔治王时期的鲸鱼残骸整齐排列着，准备接受检查甚至重组——如果有必要的话。利用这些玻璃架子及按时间顺序排列的广口瓶，我们可以在基因层面重构整个伊甸园。与此同时，大厅入口处的小黑屋里，鲸鱼的头骨大张着嘴，而旁边的河马和犀牛骨架无聊地打着哈欠。

1793年，约翰·亨特在辩论中死于突发心绞痛，这可能与梅毒引起的心力衰竭有关。他的藏品已在莱斯特广场的家中展出过，他去世后，这些藏品又于1799年移交给皇家外科学院。尽管他人不在了，藏品数量却一直在增加。1811年，亨特博物馆建成，1855年由理查德·欧文扩建。1941年，四分之三的藏品在德国人的空袭中毁于一旦，遍地狼藉，几个世纪以来苦心收集的样本化为破碎的骨头和玻璃，其中就有大象查尼的骨架。亨特位于伯爵宫的房子很久以前就被拆毁——随后被改建成私营的女性精神病院，附带一间挂满油画的"隔离室"。当这块地方因重新开发而饱受诟病时，又挖出了堆满骨头的大坑，并发现了亨特做实验的迹象：树皮以同样的方式被剥除，嫁接树枝的手法和截肢相同。所有这一切都已被新的建筑物覆盖，在这些曾经运输鲸尸的道路上，卡车轰鸣驶过。

这座二十世纪三十年代的建筑，砖墙上嵌着克里托尔玻璃窗，离街道有一定的距离，可能做办公室或轻工业之用，房内的走廊呈现出了明显的机构性质。罗伯·迪维尔（Rob Deaville）的办公室堆满了书籍和设备，房间一角，用玻璃盖住的聚苯乙烯容器内有一群苍蝇嗡嗡作响，应该是在做某种实验吧。我被引到楼下，沿路的房间内，屏幕的亮光映在青年学生们的脸上，我走进了一个半是更衣间半是监狱接待室的地方。

接待室被低矮的木板长凳一分为二。罗伯告诉我，瓷砖地板一边"脏"，另一边"干净"。他递给我一件洗得很干净的实验服，衣服的一侧用一排纽扣扣紧。翻过长凳时，我在靴子上套上了一双蓝色塑胶鞋套。我的相机、笔和笔记本放在能滑动的玻璃隔板上，到另一边后，我将它们收了回来。

实验室里排列着许多陈列柜，里面有各种各样的仪器。房间深处，像车库似的门朝外开，正对着摄政公园的树林。水泥墙的另一边就是摄政动物园，尽管从这里看不到里面的动物，却能听见它们的声音。

这是十月最后一天的午后，安静又温暖。

罗伯的同事马特走出门，打开一间小汽车大小的冷冻库，拉出了一个几乎和他一样大的黑色垃圾袋，袋子显然非常重。在罗伯的帮助下，他把袋子放在了一台工业磅秤上，滑轮组的粗链条在头顶摇晃着，像在车库里一样。

我十分不安地站在那儿等着。黑色塑料袋和内容物被吊到了一张很大的不锈钢解剖桌上，桌上有水槽和排水孔。罗伯正在和我谈话，但我并没有专心听，因为透过他的肩膀，我能看见马特正在打开那个塑料袋。

马特从黑色的塑料袋中倒出一团红褐色、光滑的东西。即使没有揭幕仪式，今天下午我们的研究主题也已经昭然若揭。这是一头鼠海豚，是海岸周围最常见的动物。一周以前，这头小型鲸类动物还在卡迪根湾（Cardigan）沿岸游弋，以小鱼为食。现在，它安静地躺在伦敦动物协会的地下室里，像是睡着了一样。

黯淡的不锈钢解剖桌将荧光反射到它身体两侧。它褐色的身体上映衬着细微的灰色条纹。它的尾部小巧而优雅，背部又短又粗，身体圆鼓鼓的。事实上，它看起来健康极了，甚至让人感觉它还能随时游走似的——只不过它的眼睛已被吃掉，只留下两个眼窝，身体一侧由于海鸥的啄食，满是凹痕，像一块被铅笔头戳烂的橡皮。我走到另一边，看到它的半边脸已经完全被啃食光了。这头鼠海豚的尸体从弯曲的尾鳍到短平上翘的头部长约4.5英尺，像所有逝去的生灵——从鸟类到人类——一样，它依旧保持着自己的尊严。死亡将恐惧一扫而光，只留下了美。给它拍照时，我有一种罪恶感，感觉像在侵犯它的隐私；它没有在深海之中悠游，而是躺在冰冷的金属桌面上，与周围环境格格不入。我这些照片是供法医鉴定用的。等我死后，身体供医疗研究之用而拍照时，大概也是这个样子吧！我看了它最后一眼，因为它的整个身体马上就要被毁坏得面目全非了。

罗伯一面打量着这头鼠海豚的身形，一面告诉我他接下来会如何解剖。他拿起刚换上新刀片的手术刀，从侧翼灵活、敏捷、精确地切开。鼠海豚褐色的皮肤划开，里面呈现出明晃晃的白色，好像椰肉的颜色。

罗伯割下了一片长长的脂肪，其熟练程度即便是寿司大厨也要自叹不如。他向我展示培根一样的脂肪薄片，仔细地掂了掂分量。"这一层很健康。"他说，"为了保温，脂肪层到了冬天会变得更厚。"随后，他发现了异常情况：脂肪里有个小洞充满了鲜血，宽度足够让罗伯把手指戳进去。这第一处体内征候表明，这头鼠海豚并非自然死亡。

罗伯说："看，肋骨全断了，这里，还有这里。"具有讽刺意味的是，罗伯自己由于周末参加刺激的滑翔伞运动而肋骨骨折。他让马特用长柄刀切开了鼠海豚的胸腔。骨头散开来，像是糖醋排骨。"鼠海豚肉质鲜美，吃过吗？"伊希梅尔①说。

罗伯将注意力移到了鼠海豚的肚子底下，从里面取出两个完全一样的器官，像是两颗细长的梅子，那是鼠海豚的睾丸。我说，考虑到这头动物的体型，这两颗睾丸似乎特别大。罗伯说："因为它们性行为非常活跃——跟海豚差不多。海豚睾丸重达两千克。"这两颗睾丸放在鼠海豚身旁，现在对它来说一点用处也没有了。

罗伯慢条斯理地解剖鼠海豚的其他部位，仔细切割每一个器官，像是拼一幅血腥的立体拼图。他剥下大块大块的白色脂肪，扔进一个巨大的黄色塑料袋里。《濒危野生动植物国际贸易公约》要求鼠海豚这样的受保护动物——尽管不列颠海域内可能有五十万头左右鼠海豚——的所有部位必须被装袋运走焚化。马特拿着装有组织样本的塑料小容器站在一旁，罗伯其后将用它们做医学分析。

很快，不锈钢桌上满是血水，上面乱七八糟地堆满了内脏，像是一个很小的捕鲸站。一两瓶啤酒下肚后，马特与罗伯对彼此承认，工作时会偶发一种强烈的反感，不过他们的工作也揭示出一些不可思议的事情：

---

① 伊希梅尔是梅尔维尔《白鲸》中的人物，这里应该指罗伯。

鲸类动物的本质秘密。它们与我们如此相像，看到这幅场景，你能想象一个小孩子躺在板床上，被一点一点地分解，再倒进垃圾桶里。我意识到，动物的内在与其外在是一样美的。我应该放下照相机，去为它画幅画。数码影像只会让场面更可怖，而失去了其内在的微妙的色调，也无法传达出仍旧萦绕在这具尸骸旁的微弱但能引起共鸣的海洋气息。

卧在其他器官之上的最大的器官是肝脏。罗伯切开鼠海豚肝脏的时候——里面像部分解冻的牛排一样满是碎冰块——发现中心横贯着一处巨大的撕裂伤。伤口由强力重击造成，周围充满了冻结的血块。尸体另一侧还有更多的挫伤。很明显，它曾受到持续攻击。

在肺腔外围，罗伯用手指挑起寄生的细长蠕虫。看到这个很难不觉得恶心，尽管这和巨鲸体内发现的成千上万的线虫比起来要轻多了。罗伯告诉我，有种特别的寄生虫依附于小型鲸类的生殖器官，它们可以在那完成整个寄生周期。鲨鱼撕咬猎物，一俟吞咽下肚，寄生虫就找到了最终寄主，也到达了目的地。

我看着罗伯从鼠海豚的肺里拽出一条两英寸长的线虫，便问他这些蠕虫是否会对鼠海豚造成危害。罗伯说应该不会，但鼠海豚肺部有多处钙化，周围组织硬而脆，应该是之前感染的结果。鼠海豚貌似健康，却屡遭创伤，人为的污染可能削弱了鲸类动物对感染的抵抗力。

罗伯抓住鼠海豚的舌头，把它的口腔、食管和心脏这长长的一串一齐拽了出来。心脏很健康，看起来就像刚刚停止给身体泵血。罗伯拉出运作良好的心脏瓣膜，扔进了垃圾箱。这只是另一个物尽其用的内脏器官。

现在只剩下头部了，它孤零零地躺在浅浅的水槽一角，张着嘴巴，长着两排细圆的牙齿，与海豚的尖牙不同，这种牙齿方便鼠海豚在海床上搜捕作为其主要食物来源的小猎物。早些时候，我们曾在它胃的褶皱里发现了小鱿鱼喙状的头部和鱼耳石（微小的鱼耳骨）。

罗伯把头部一侧翻过来，在眼窝下的皮肤上找到了一处细小的凹痕。只有彻底充分地了解鲸类动物，才可能找到这处器官外孔。这个小洞只比针孔大那么一点点。罗伯用解剖刀敏捷地将其切开，显现出黑色线状的耳道，一直向下延伸到耳膜。听觉器官暴露在外的部分极小，因为鼠海豚听到的大部分声音是由排列在下颌上的海绵状油质组织传导的。

这个奇特的听觉器官——大齿鲸的听觉器官也类似，只是按身体比例缩小了——就这样裸露着。罗伯的手术刀从"瓜状"前额——具生物声学特性的白色脂肪壁，探到深埋在下面的"猴唇"——起联结作用的软骨瓣膜，也是鼠海豚发出的"嘀嗒"声的来源。

最后，罗伯找到了耳骨，也叫耳小骨，它们如此致密，是现存鲸类动物身上保存最久的部分。它们形状精美，形如贝壳。我自己就收藏了三颗：一颗像石头一样重，是一千五百万年前的化石，因时间久远而颜色发黑；一颗是二十世纪早期被屠杀的巨头鲸的内耳石，颜色泛黄；一颗是我在郊区沙滩上散步时发现的，骨白色，轻盈多孔，像雕塑一样线条清晰，其结构之繁复精细，本身就是个奇迹。这些标本精美如乐器，是那些鲸类动物仅存的证明，它们肉体已逝，只剩下感觉最敏锐的回音反射器官。鲸鱼保留了自己听到的最后的声音，就像人类临终前也唯余听觉一样。

马特从墙上的充电器上拔出电动圆锯的插头，把它递给罗伯，噪音穿透了整个房间。罗伯对我说："我干活的时候你最好站到外面去，可能会产生气溶胶。"他戴上重重的有机玻璃面罩时，我走到屋外呼吸新鲜空气。之前，他们就告诉我不能把手放进口袋，不能让脸接触到实验服，以避免动物传染病；这头动物的基因和我很相近，如果感染就很危险。

在房间外——混杂着血腥味和海洋的气息——动物园里的动物正各自忙着，对它们的某个同类身上发生的一切全然无知。我想象着其他经过这个房间的动物尸体——从地板上摊开的巨型棱皮龟，到隔壁的现代动物园转运过来的大象、羚羊、黑猩猩等外来物种。

机器的尖锐噪音停了下来，罗伯喊我进屋。他已经锯掉了鼠海豚颅骨的后半部分。空气中有股烧焦的气味，闻起来像是牙医治疗椅上散发的味道。一层锯下来的白色骨屑洒在血肉上。罗伯慢慢揭开颅骨，用手术刀在里面掏挖，仿佛是在巨大的牡蛎里面翻找珍珠。扑通一声，大脑松脱落在他手里，像一团颤颤悠悠的粉色牛奶冻，盈满了他掬起的手掌。他抖了一下手指，指出脑叶和小脑。在生命的最后时刻，这头鼠海豚的大脑正在处理什么信息呢？早前解剖时，我们曾看到它发育过度的肾上腺，由于鼠海豚承受了很大压力，因而腺体大得不成比例。

现在到了罗伯揭示鼠海豚死因的时候，他一直如此推测，鼠海豚充血的大脑证实了他的推断：这头鼠海豚是被其远亲，卡迪根湾的瓶鼻海豚杀死的，这也是众多类似死亡事件中最近的一起。过去二十年间，此类事件已多达三百起，也许今后还会更多。

我想象着这场攻击。某一头年轻海豚在雄性激素的影响下，视鲸类同伴的生命为儿戏，把对方的身体当成橄榄球，用它强有力的硬喙一下子将对方抛上高空，然后用头连续撞击它，直到鼠海豚肋骨折断，肺部撕裂。但愿海鸥冲下来啄食它的眼睛时，它已经死了。后来，我向一位目睹这类犯罪现场的研究者谈及此事。她说她经常看到鼠海豚躺在沙滩上，似乎还好端端的，直到你发现它们的尾部颓然低垂，才意识到它们所有的肋骨都断了。这种现象可能是最近才出现的，也可能一直都存在着。也许，海豚脸上一直挂着的笑容让我们很难察觉这个令人震惊的事实：它们可以变成这样的冷血杀手。通常，攻击事件发生在交配季节，年轻的成年雄性是罪魁祸首——这表明鼠海豚可能是雄性海豚间为赢得交配权而相互打斗的牺牲品。

成年雄性海豚可能会误将鼠海豚看作未成年的小海豚，而未成年海豚的存在会对成年雄性自己的基因传续造成威胁。无论原因何在，证据历历在目：海豚并不是人类所认为的那种亲切善良的动物，满面笑容的背后隐藏着杀机。数月后，我参观了斯佩湾（Spey Bay），这里是另一群瓶鼻海豚的栖息地，它们也卷入了几起杀害远亲的事件。当它们在船底游动，在北海的雾中显现身形时，我意识到其体型巨大，身长可达十二英尺，它们全身几乎都是黑色的，只有跃出水面时才隐隐露出白色的肚皮。不难想象，它们拥有巨大的力量，一个当地居民告诉我，他在海湾钓鱼时，一看见瓶鼻海豚黑色的尾鳍游近，就要赶快把自己正在游泳的狗唤出来，因为他害怕——无论这种恐惧是否明智——它们会伤害他的狗。

我站在解剖室里，看着这头死去的鼠海豚，为自己有机会接触它内在的奥秘而深感幸运。它的身体结构与人类非常相近，每一个切除下来的器官都提醒我们：这头海洋哺乳动物脂肪之下的一切，归拢起来也就是我们人类皮囊和骨架下的内容。鼠海豚四分五裂之时，我的骨头、器官、皮肤和内脏也分解开来。我看向自己。

屋外，金刚鹦鹉在笼子里大声尖叫。我骑着自行车驶入万圣节幽微的黄昏里，头发上沾着鼠海豚的气味，久久不散。

第四章
蔚蓝之海

据说，这些鲸鱼有自己的巢穴……自己的领地和各自划分的栖身之所，它们栖居在那儿，很少侵犯邻居的势力范围。它们很少更换居所，也从不盲目徘徊，反复不定。它们爱自己的家，好像那是它们的故国，在此消磨时光，即满怀欣慰。

——圣安布罗斯，《创世第六日》

从飞机舷窗向外看去，这些岛屿像是刚从大海中生长出来的。自我上次来这里起，已经过去了四年。我记得时间，是因为同样的节日即将来临，也许它永不终结。

这里时常能看到火箭发出"嘶嘶"声冲向太空。大人小孩成群结队地唱歌跳舞，每组歌舞队后面都跟随着一支他们自己的铜管乐队。在别的地方，十几岁的男孩子会觉得系着绸缎蝴蝶结加入这样的队列很难堪。而在这里，他们和同伴旋转足尖，一路跳着舞到广场。第二天，在广场教堂投下的阴影中，是摆满圆圆的烤甜面包的桌子，四周装饰着鲜花，供给渔民的守护神圣佩德罗。然而，在所有这些欢乐的庆典之余，大街小巷仍有一脉含蓄——因为居民依海而生，天生有一丝沉静的气质。

距上次来这里几个月前，我的母亲去世了。到了这里，我的悲痛却不那么明显了。此地的荒僻寂静可以让我敞开心扉。这里的海岸满是熔渣，似乎整块土地都被烧成了平地。

在大西洋中间，夜晚漆黑一片，夜色浓稠得化不开。无月的苍空没入大海，黑暗中，覆羽的幽灵——科里（Cory）的海鸥由此飞到内陆回巢，它们整天都在海上捕食水里的鱼类和乌贼。当夜幕降临，它们就会爆发出阵阵怪异的尖叫声，"哇呵——哇呵哇呵——哇——呵"，声音压抑而沉闷，有点像人声，又有点滑稽，它们回巢时的叫声在近海上空久久回荡，一声比一声诡异。传说它们的叫声来自于恶魔——这也不足为奇。

查尔斯·B. 科里（Charles B.Cory）是一名鸟类学家和高尔夫球手，其位于波士顿的房子里堆满了一万九千种鸟类标本，他于1881年首次描述了这种鸟，并为其定下了通用名——剪水鹱。它的拉丁名相当冗长。剪水鹱属于北欧猛鹱科信天翁属，据说尤其喜欢追逐风暴天气。这就是船员们唯恐看到它们出现的原因之一，另一个原因是传说剪水鹱承载着溺亡同伴的灵魂。

剪水鹱目包含一些极具传奇色彩的海洋鸟类：信天翁、管鼻鹱、海鹦和海燕。像鲸鱼一样，剪水鹱目鸟类进化出了应对海洋生活的生理结构：大脑中的嗅觉神经中枢能让它们闻到很远处的食物；喙部的鼻孔能排出盐水；它们捕食鱼类、乌贼和磷虾，消化生成一种威力强大的恶臭胃油，凡有入侵者进入它们的势力范围，剪水鹱目鸟类就喷射出含有这种油的呕吐物，足以溶解任何入侵者的羽毛，不过这种油最大的功用是作为一种高能燃料。鹱科鸟类需要这种能量，它们翱翔在呼应着海面洋流的风中，是规模最大的漫游者。从翼展达十二英尺的漂泊信天翁，到与麻雀差不多大的小海燕，它们满怀雄心壮志踏上旅途，偶尔会迷失方向，在奇怪的地点降落，比如一头鲸鱼的背上。也许这也并不是那么奇怪，因为它们一直被人们称为"鲸鸟"，它们的出现预告着鲸鱼的到来。逆戟鲸捕食时，海燕常在下风处飞行，品尝溅出的鱼油。在科德角（Cape

Cod）一侧，我曾看到成群的大剪水鹱出现在座头鲸捕食地点的上空，它们有时甚至飞进鲸鱼的嘴里叼出沙鳗。

在亚速尔群岛周边海域，鲸鱼和海豚把海鸟通常够不到的深海中的猎物赶上海面；鲸类围捕猎物时，剪水鹱也潜进水里捕食。悲哀的是，人类的渔猎习惯害惨了这些鸟。每年有数以万计的鹱科鸟类死在长长的渔线上，像猎场看守的绳子上挂满了猎物一样，水鸟在鱼线上排成了一串；有些勉强能逃回巢穴，但喙部挂满了鱼钩。

科里的剪水鹱为延续生命而交配，每年它们都会飞回同一地点，产下仅仅一个卵。它们每天捕食，和着胃油反刍喂给嗷嗷待哺的雏鸟，所有这一切都在无月的漆黑夜色的掩护下进行，以避开海鸥的攻击。它们的蛋在身体后侧，但这样孵蛋就会使重心不稳，像摇摇晃晃的发条玩具一样。它们在地面上最容易受到攻击。这片岛屿一定适合这些待不稳当的动物，因为有七万对吵闹的剪水鹱从北大西洋来到这里繁育后代。我快睡着时，它们的声音在我耳边回响，数小时后，它们在破晓前开始飞离，叫声又唤醒了我。入睡已经太晚了，起床又太早，我干脆放弃，清醒着躺在地上听着。

我意识到，每只鸟的叫声都不同。（真奇怪，我们认定每个物种的所有动物发出的声音都一样，其实这真的很怪，难道我们每个人都用完全一样的声调说话吗？）我开始听清了鸣叫的间歇是如何变换的，它们如何在四个音符的乐句中略过两个主要音符，以及最后一下响亮刺耳的叫声是怎样升调的。我在脑海中练习着科里的剪水鹱的叫声，琢磨它们的叫声和来时是否会有不同——"别担心，我在这儿，我回家了"和对应的"再见，别担心，我很快就会回来"。与塘鹅等筑巢海鸟一样，它们的配偶能从吵闹声中辨认出对方的叫唤声，这种现象叫作"鸡尾酒会效应"。

性别差异也起了作用，不同性别的个体具有不同的行为：雄鸟的叫声声调明显更高，这可能是为了引起配偶的注意。

我反复琢磨脑海中的这些声音，它们意味着什么，还是并无意义。直到太阳升到火山之上，我的神思才回到现实中，又睡了一觉，是时候回到我自己的大海了。

我忘记了身体有多难受——船体迎着巨浪的拍击，我的背快要断了，屁股也麻木了。不知道船长是否乐在其中，不过若昂会抱怨他一整天工作下来脊柱都受不了了，他还是一位足球运动员呢。每一波该死的浪拍过来，骨头都要颠散了——"砰、砰、砰"——船一次次猛地抬高，又更猛地落下去。这是我们为自己的想当然付出的代价——居然胆敢进入它们的领域。我觉得最好还是站起身，像竞技场的牛仔那样双腿分开跨坐在座垫上。这勉强管点用，但我一直在检查牙齿，看它们是否还完好无损。

若昂熄了引擎，船颤动着，然后突然停了下来。通过扩音器，我们听到一个平静的声音在广播，说的是亚速尔群岛口音的葡萄牙语。在达奎马达暗礁（Vigia da Queimada）的悬崖顶上，马塞洛·安德烈·达·席尔瓦·苏亚雷斯（Marcelo André da Silva Soares）正坐在木凳上，平静地给我们引航。

马塞洛今年二十四岁，一直都和鲸鱼一起生活。他的父亲在同一个海岬上的混凝土灯塔里观望这些鲸鱼，给他这些捕食的伙伴指引航向。人类对鲸鱼从捕猎转变为观察，是我们上一辈人刚刚开始的，马塞洛的父亲把他的知识传给了儿子。现在，马塞洛一天中有十到十二个小时静坐在礁石上，通过高倍望远镜凝视前方。他身后有一张不同鲸类外形的图，就像战时观察员用的飞机轮廓图。在高处，他的视野范围能达到二十四英里开外，覆盖一片伸向陆地的海洋，这片海域上的每一点动向都会被标绘出来。马塞洛是一位大师，极富策略地将船只移向他的目标——鲸鱼。

马塞洛的父亲仍在附近一处暗礁上工作。他说话急促，带着商人特有的兴奋和强势，而他的儿子却轻声细语，有着午夜广播电台音乐主持人那样的低沉声调。马塞洛的年龄可能只有我一半大，但他曾在科索沃战争中服役，作为战士经历过另外一种生活，在战场上，其他猎手——手持致命武器的狙击手——也是这么从容不迫地接近目标的。

马塞洛指引若昂驶向一头刚刚浮出水面的鲸鱼。每个人各司其职。他们都想抓住这来之不易的机会。鲸鱼在水面上待不了几分钟，换过氧气后就会再次潜入水底。我们驶向它的时候，鲸鱼正在迅速换气，我们只是远远看见了它下潜时的尾鳍与喷出的水雾。

若昂坐在玻璃屏幕前，操纵着解开电缆，将一部水下听音器投进水里。我们立即听到扩音器中传来了嘀嗒声：鲸鱼搜索猎物时发出的平稳而持续的声音，它在整个水域中扫描乌贼的踪迹，留下一道清晰的扫描残迹，与剪水鹱混乱而粗粝的叫声相比，显得纯粹、干净。这让我想起昨晚在我们头顶上空飞掠而过的成百上千只蝙蝠，它们在巢穴中惊起，运用的是同样的声呐技术。

抹香鲸的嘀嗒声产生的过程甚至比南安普敦的双潮现象还要复杂。抹香鲸通过开合头部前方的瓣膜发出声音，鼠海豚和海豚身上也有同样的器官。这种器官称作"声唇"，运作原理与人类的喉部相当接近，通过鲸鱼右侧内鼻腔和"大写字母盘"——具有生物声学性能的储存油脂的囊，把急促的声音传送回来。

声音传至鲸鱼凹形头骨的后部，由气囊反弹，经"小写字母盘"——充满鲸蜡的凸形腔室，其作用原理与声学透镜相同——返回。声音从头部前方经由头骨后部，再返回前方，如此往复，这种强有力的精确声音才从鼻子中发出，传入海洋。然后，整个过程再次开始（这个过程以每分钟一百次的频率周而复始）。这种高度定向的声呐脉冲从目标反弹回来，被鲸鱼接收，但并不是通过仅有小拇指粗细的外耳，而是通过巨大的音叉式的下颌，从那里传入内耳。甚至有人提出，抹香鲸下颌上排列的牙齿就是其规模庞大的声音系统的调节器。

经过若昂微小的扩音器，鲸鱼的嘀嗒声没有放大，反而减弱了，这种嘀嗒声可以扫描海面一千米以下的海域。这是一种具有掌控力的声音，也是所有生物所能发出的最响的声音，比一架喷气式飞机的引擎声还要大；同时，它又是精妙绝伦的，完全符合连续性、音色和节奏的规则。

首先传来的是震颤的"尾声"，仿佛鲸鱼想要讨论它们打算做什么，或者告诉等候的幼鲸"我马上回来"——这与剪水鹱不无相似之处。随之而来是一阵有规律的脉冲，这是在探测海床，估算水域的面积。接下来的是规律的嘀嗒声，说明一头潜入水中的鲸鱼正在捕猎。如果它成功了，就会发出一系列更短促的嗡嗡声，这意味着它已经锁定了猎物，而且会一直捕食，直到返回海面重新发出社交"尾声"。这种声音也许只是说"我回来了"，但也可以变成更为复杂的交谈。毕竟，在自然界的各种动物中，它们发育出了最大的大脑，继承了可上溯几千年的母系文化。就像乌鸦异于其他鸟类，不同鲸鱼之间也有很多差异；万物种种皆不同。

若昂说，如果我们专心听，就能听见每头鲸鱼的节奏各具特色，就像科里的剪水鹱有各自的叫声一样。"某些声音比其他的听起来更有金属质感——这是它们声音的不同点。"他以简略的风格解释道。即便在巨大的群落中，照样有鸡尾酒会效应，鲸鱼也并不总是发出巨大的声响。"它们在水面上时很安静。它们不想被捕食者听到。而且既然它们可以看见彼此，就不必再使用声呐了。"

若昂的大副尤里是个高个法国人，一头乱糟糟的深色头发，我们和他一起讨论该如何给这头鲸起名字。与其他拉丁语系的语言一样，抹香鲸在法语中叫作"cachalot"。尤里指出其中的双重含义：它的法语发音类似"藏在水里"。说话是为了吸引注意力，但若是吸引了其他族群的注意可就不妙了。这就是为什么鲸鱼在水面上很安静，并与我们人类很接近的原因：它们是海洋中的隐士，在安静的环境中，它们最可能隐而不见。

但大声呼喊仍是鲸鱼最擅长的。它们生活在水中，声音在水中传播的速度要比在空气中快五倍以上。它们的大脑对声音极为敏感，其听觉皮层比我们人类的视觉皮层还要发达。对于在无光的深海中捕食的动物来说，这种能力是必需的。对我们而言，这是一次非同寻常的经历，鲸鱼的世界与我们完全不同。齿鲸生来具备精确的声呐系统，对它们而言，一切都是透明的，万物无所遁形。它们生活在另一个维度中，可以穿透固体物质，辨识其内部结构。鲸鱼和海豚能看清我的身体内部，就像我看到它们的外表一样清晰。在它们眼中，我一定就像学校里教学用的人体模型——那种分为男性、女性的塑料模型，器官都可以单独拿出来展示。鲸鱼眼中的世界是赤裸裸的。

美国伦理学家托马斯·I.怀特（Thomas I.White）在《为海豚辩护》（*In Defense of Dolphins*）一书中写道，受测试的海豚能利用声呐系统感知对方的情绪状态——海豚的体温会随着情绪高低而起伏，这就像人类的测谎试验一样。测试结果表明，它们和我们一样无法掩饰自己的感受。它们清楚地知道对方是否愤怒或兴奋。说到海豚大脑内的杏仁核——主要负责情感和社交的处理中心，就其所占比例而言，海豚的杏仁核要比人类的大很多，怀特认为海豚的情感发育状况可能比我们人类更为成熟，部分原因就在于其高水平的社交活动：它们需要和睦相处，因为它们群体数量巨大，彼此非常亲近。著名鲸类学者哈尔·怀特海德（Hal Whitehead）认为，对抹香鲸来说，和睦相处甚至更加重要，因为它们随时都可以针对邻居使用其强大的声呐系统，从而导致严重伤害。鲸类一定有着自己的礼仪规范，甚至是道德规范。与我们人类一样，好的行为习惯对鲸类群体来说也是必要的。

就人类而言，情感可能仅仅是大脑进化的产物，纺锤细胞的这一功能将我们与其他哺乳动物区分开来。但最近有人发现，抹香鲸等某些种类的鲸鱼也有这些神经束，其数量是人类和灵长类动物的三倍，鲸鱼在三千万年之前就已进化发育出这些神经束，时间比人类早一倍。这些细胞处理社会组织、语言表达和对其他同伴感情的直觉认知。鲸鱼怎样处理感情？它们是不是和人类非常相似？我们并不知道，只能靠想象。如果说我们与其他动物的不同在于人类的移情作用，那么，如果鲸鱼之间也有同样的同情心呢？那会是它们集体搁浅的原因之一吗？哈尔·怀特海德提到，曾有一头抹香鲸在一处遥远的海滩上孤零零地搁浅了，另外两头抹香鲸在海湾游来游去，越来越焦虑，最后，它们也搁浅了，与同伴死在了一起。

与其他动物不同，人类还有一点是很了不起的，那就是我们明白自己终究会死亡。研究表明，鲸类动物具有个体观念，它们能够清楚地意识到自己的存在。它们会不会也像我们一样会感到焦虑呢？我们无法采访动物，它们也不写自传。尽管有科学的帮助，但我们对它们精神的实际情况仍一无所知。

在我们身下，稳定的搜索声仍在持续嘀嗒作响。若昂听到的更多。他对于听到的声音非常满意，扩音器一安静下来，他随即预测"我们的"那头鲸将会再次出现。难道是这头捕食者发现了猎物？难道它正摇摆着张大嘴，露出闪闪发亮的白色口腔引诱乌贼，再一口把乌贼吸进来？无论它的运气如何，这头鲸鱼正准备返回到我们的视野之内。我们也准备迎接它的到来。

我与马塞洛一同坐在混凝土灯塔小屋的木凳上，高踞岩岬，俯瞰着这番奇景。我们静静注视着波浪翻卷。片刻之前，沿着到处爬满了蜥蜴的绿茵小路，从暗礁后上方看去，我发现海中有黑影正快速移动。那是五六头鲸的身影，又长又整齐，背鳍拖出涟漪。我急忙奔回暗礁，拿着马塞洛的海图和他一起商议。我意识到只有一种鲸鱼能这样快速地集体移动，但它们已经在那片银白色的广阔海域消失了踪影，再也看不见了。

喙鲸是种奇特的动物。有些长着鸟一样的头部，却有着纺锤形状的身体，更像是远古鲸鱼。它们尖尖的嘴让人想到古生物鱼龙。1823年，法国博物学者乔治·居维叶（Georges Cuvier）发现了喙鲸的头骨——这种鲸就以他的名字命名了，他想当然地认为喙鲸已经灭绝了，而科学家们花费了五十年时间证实这种动物仍旧存活着。

喙鲸科鲸鱼比其他鲸鱼更隐蔽，它们生活在深海中，远离陆地，避开了人类的观测范围。后来，著名的喙鲸专家安东·范·黑尔登（Anton Van Helden）在新西兰向我展示了一头铲齿中喙鲸的头骨。头骨由钙酸盐物质构成，像是一条掘出的滑雪道，与其说是骨头，不如说更像抽象雕塑，下颌部嵌有粗短的獠牙。这具头骨存放在惠灵顿的蒂帕帕（Te Papa）国家博物馆一间储藏室的架子上，属于迄今为止三个已知样本之一；这头铲齿中喙鲸是世界上最稀有的鲸类，人们一直没有发现过其活体样本。直到最近，一头母鲸及其幼崽被海水冲上普伦蒂湾（Bay of Plenty）海滩，世人才看到这种身长五米的动物究竟是何长相。过去二十年中，三种新的喙鲸被人发现并证实，喙鲸的种类数量从而达到二十一种，不过这一数字还在不断更新——有六种外来种的喙鲸获得了正名。这些名字非常怪异，引人遐思，它们是：柯喙鲸属、塔喙鲸属、贝喙鲸属、印太喙鲸属、瓶鼻鲸属和中喙鲸属。

喙鲸如此隐蔽，原因之一就在于它们多数时间都生活在水下，下潜到可以靠喙部吸食乌贼的深度。它们如此罕见，自成一类。铲齿中喙鲸因其突出的喙部而得名，即使在喙部闭合的情况下，通常仍有两颗牙齿露在外面。铲齿中喙鲸纺锤状的身体极其适合潜水，它们的胸鳍可以藏进"口袋"里，以减轻阻力。这些中等体型的鲸鱼在进化过程找到了适宜的位置。喙鲸有着鸣禽科鸟类的多样性，这暗示了鲸鸟杂交的可能性，尤其是居维叶发现的柯喙鲸属，我曾在穿越英吉利海峡的渡轮上一个视线不佳的位置上看见过一次。

越过特里维廉（Trevelyan）悬崖深入水下的礁石——岩架下伸四千英尺，直到亚速尔高原——我们在邻近西班牙北部的地方，看到了三头棕色柯喙鲸。我通过双筒望远镜，看见它们背上的划痕，这是它们与同伴打斗或者捕乌贼时留下的痕迹，有一条伤痕一直划到头部。但是，更匪夷所思也更有趣的是它们的头部：颜色竟然是很奇怪的浅粉色，像是套着羊胎膜，它们的头部的形状明显和鸟很像。难怪它们俗称鹅嘴鲸，这又让人想起黑雁源于软体动物的荒唐传说。

与居维叶发现的柯喙鲸一样，许多其他喙鲸的名字也是为了纪念去世已久的科学家们：阿氏贝喙鲸、安氏中喙鲸、朗氏中喙鲸、赫氏中喙鲸、格氏中喙鲸、贝氏喙鲸、布氏中喙鲸、初氏中喙鲸。还有一些更拗口的名字，是强调鲸类的齿列：长齿中喙鲸、铲齿中喙鲸和银杏齿中喙鲸。鲸鱼的牙医绝对会摇着头说："我能对这些牙齿怎么办呢？"

不过，这些鲸鱼绝对乐于拥有这么壮观的牙齿。布氏中喙鲸与其他喙鲸一样，牙齿上挂满华丽的紫茎藤壶，仿佛嘴里悬着繁茂葳蕤的饰品。如鹿角一样，它们的牙齿可能作为第二性征，能让雌性喙鲸挑出与自己同类的雄性喙鲸——因为即使对喙鲸来说，其他种类的喙鲸外形上看起来也都差不多。近距离观察可发现，这些动物的身体颜色极为精妙，从灰色到褐色再到黑色的朦胧过渡，无数纵横交错的划痕，仿佛经受过天体的撞击。每一头喙鲸都可能是一个天体，就像土星冰冷的卫星欧罗巴^①一样，地表被无名海洋撕扯破裂，形成了"混乱"的地形。（天

---

① 欧罗巴应该是木星的卫星，而不是土星的。

体生物学家推测，太阳系外行星开普勒-22b可能是一个富含水的星球，像鲸鱼那样的动物可以在此生存；归根结底，"行星"这个词，本意就是"游荡的星"。）

那些遥远的星体，只有当它们运行到了其所属的恒星和地球之间，挡住了恒星的光时，我们才能发现它们。同样，即使是最有经验的鲸类学家，要分辨出海洋中这些奇特的生物也是极为困难的。值得注意的是，在人类的视野中，这些动物一直是缺席的。梅尔维尔在鲸类学上忽视了它们，但考虑到他对奇闻逸事的热爱，我敢说他会在书中提到它们的。我想，它们似乎专注于自己的神秘舞蹈艺术，在广袤无垠的宇宙中，喙鲸举行着一场假面舞会，在人类的视野之外，优雅地旋转舞动。不过话说回来，我对鲸鱼的关注可能太多了。

翌日，我去那处暗礁拜访马塞洛之后，有报道证实那片海域有一群索氏中喙鲸出没，这种喙鲸最初由英国博物学家詹姆斯·索尔比（James Sowerby）于1804年发现。与齿鲸一样，喙鲸尤其容易搁浅，也似乎很容易受到人工声呐系统的影响，因为它们的协调性高度依赖于对声音的反应。在一份记载详尽的案例中，加那利群岛在2002年举行过一次长达四个小时的军事演习，一大群柯氏喙鲸在当地搁浅。对这些鲸鱼的尸体解剖显示，死因是某种出血和气体栓塞造成的损伤，这是血液中氮气积累造成的，潜水员称其为"减压病"。这些鲸鱼似乎是受到噪音的惊吓，过于迅速地游到水面；其他报告指出，同样受到惊吓的鲸鱼采取了一种不自然的上下起伏的"飞行模式"。

这样的搁浅事故直接归咎于人类，这都是我们粗心大意的结果。在《大海，大海》一书中，查尔斯·阿罗比的表兄詹姆斯告诉他："这片大海并不那么干净……你知道吗？海豚有时会因为经受不住寄生虫的百般折磨而选择跳到陆上自杀！"查尔斯回答说："我倒希望你没有告诉我这些。海豚是多么美好的动物！即使当它们变得很不友善时亦是如此。"最近，科德角附近出现大量海豚搁浅事故，救助者发现如果让海豚紧靠在一起——仅仅是靠在一起，它们就不会那么紧张了，即使它们搁浅后躺在沙滩上粗声喘气时也是这样。遭遇不幸时，它们唯一的慰藉就是彼此。

2009年12月11日，地中海意大利南部海滩发生了一起不同寻常的搁浅事件。迥异于其同类，一群"迷路"的抹香鲸居然孤零零地出现在内海。它们的命运中有着所有古典悲剧的元素。这七头鲸全是雄鲸，年龄在十五岁到二十五岁之间，身长在十米到十三米之间，可能是被军事声呐系统赶到浅水区域的。由于无法在深海觅食乌贼，它们开始脱水，几乎饿死。

目前，又有第三种威胁降临。它们饥饿时，脂肪开始分解，之前无意中从海水里摄取的重金属和有机氯杀虫剂释放出来，被血液循环系统吸收。事实上，鲸鱼们正在毒害自己。约翰·怀斯（John Wise）博士在位于波特兰的南缅因大学的实验室里向我展示：抹香鲸尤其容易受到污染物影响，这不仅是因为它们处于食物链顶端，而且因为它们深呼深吸的呼吸方式。在电子显微镜下，我观察到抹香鲸的细胞在培养皿中繁殖。怀斯博士告诉我，抹香鲸在海洋中漫游，分布极广，它们吸入海岸化工厂排放的铬金属及其他污染物——这些物质可能引发癌症和类似人类的唐氏综合征的出生缺陷。我们与哺乳动物呼吸着同样的空气，然而，我们却成了这种毒害的始作俑者，仿佛毒害了海洋还不够似的。同样的化学物质造就了蕾切尔·卡森笔下"寂静的春天"，也可能让鲸鱼的世界归于寂灭。

地中海这七头不幸的抹香鲸吸收了有毒的混合物，身体变得虚弱。

不仅如此，这些有毒物质还损伤了它们的方向感和知觉能力。在这些鲸鱼的胃里发现了渔钩、渔线和塑料——这是它们选择生活在内海，忍受人类排放的垃圾的后果。（最近，有人发现一头年轻的抹香鲸死在离米克诺斯岛不远的海上。这头鲸瘦骨嶙峋，而胃部鼓胀；人们切开胃部查看，竟发现了近一百个超市用的垃圾袋和其他塑料碎屑。）

最后的不幸是：在它们背运的一生中的最后几小时，狂风暴雨把它们驱向海岸——也许其中六头鲸鱼随着头鲸一起放弃了，显示出它们著名的忠诚品性。其中四头鲸在海滩上被人发现时已经死去。其他三头挣扎了几天后，也由于身体过重、无法呼吸而死去了；在海中，它们有赖于这庞大的身躯而生存，这也是它们成功的标志，但在陆地上，巨大的体型注定了它们在劫难逃的命运。它们死时一定非常痛苦，甚至字斟句酌的科学论文中也写道，这些鲸鱼"在岸边被发现时正痛苦万分"。这种情形之下，我们人类只能无助地观望。体型小一些的鲸类动物可以过量注射马类镇静剂——这会很快导致呼吸抑制，引发死亡。但是这些庞然大物就没那么幸运了。罗伯·迪维尔说："不可能有那么大量的药物给一头抹香鲸实行安乐死，即使能拿到药，我也怀疑是否能成功实施注射。"

围绕鲸鱼搁浅事件，人们众说纷纭。有人聚焦于鲸鱼具有沿着地壳下方的地磁线而行的能力。从细菌到鸟类都具有这种敏感度——由微小的磁性细胞掌控，如同体内装有指南针。尤其是鸟类，有人认为它们眼睛中含有感光色素，又叫作隐花色素，可以用化学方法侦测地球磁场；地球磁场在它们眼中呈现出不同颜色，从而为其指引方向。鲸类也能"看见"这样的地球磁场吗？英国海岸的地磁等高线与陆地平行，有人指出，鲸鱼沿"地磁凹处"移动，而这些凹处通向陆地，鲸鱼搁浅事故可能就是这样发生的。

还有人推测，鲸类动物通过侦测地球磁场的细微变化设定"航行时钟"，搁浅事件可能是由影响地球磁场的太阳黑子造成的，太阳黑子的扰动造成的最明显的现象就是南北极的极光。还有更为激进的假说：鲸类可以预知地震，它们好比是在人类察觉之前侦测到灾难并发出警告的金丝雀。最近，在日本和新西兰发生的大地震之前，出现了大规模的巨头鲸和瓜头鲸搁浅事件，这个事实似乎支持了这种假说。但是，即便我们曾经能感应到周围的磁场——给海燕、抹香鲸等动物导航的地球磁场——我们也早就失去这种能力了。甚至在人类能够感知的三维空间内，我们的感知能力也很不足。

我们在大西洋中部海域花了很多个小时搜寻抹香鲸。若昂说："它们今天表现很奇怪，好像在跟我们捉迷藏似的。"就在我们准备返航时，一群不知打哪儿来的灰海豚出现了。

我以前只从很远的距离看到过灰海豚。而现在，它们离船头很近。它们伤痕累累，仿佛是一群残缺不全的幽灵，几乎不在我们的视野之内。它们甚至与其他海豚都不一样，害羞地待在水面下。只有靠得更近时，才能看见它们钝钝的鼻子和高高的背部，它们身体侧面有着轮廓分明的黑白条纹，像斑马纹一样令人目眩。法国的安托万·瑞索[①]与约翰·亨特同时代，对甲壳纲动物和桡足类动物有着特别的兴趣，这些灰海豚就是以他的名字命名的。在亚速尔群岛，这种海豚因其全身皆白，所以被称为"莫莱罗"。

避开船的一侧，我看见它们的身影在下方幽暗的海水中游动。透过海水，我听见它们的歌唱——这些唱诗班歌手在大海的教堂里唱出了甜

[①] 安托万·瑞索（Antoine Risso，1777—1845），自然学家，他命名了549个海洋属物种。

美的高音。在梅尔维尔的鲸类学中，灰海豚赫然在列，不过他是不是亲眼看见过就不得而知了："这头大鱼的呼吸声，或者说吹气声震耳欲聋，让从未出过海的人心生向往，虽然它是深海中有名的居民，但是在鲸鱼中并不十分出名。不过它具有这类庞然大物的所有显著特征，大多数博物学家都能辨识……有些渔民认为，灰海豚出现表明抹香鲸就在附近。"

当它们浮上水面的时候，巨大的背鳍显现出来，用不着再看它们因打斗而伤痕累累的背部——喙鲸的背部与其相似，单看背鳍就足以识别它们。我透过面罩凝视着它们，我们是那么接近，又那么疏离，它们显得越发独特。

我回到岸上后，一位研究灰海豚的荷兰科学家卡琳·哈特曼（Karin Hartman）又告诉了我一些关于它们的事情。她说，雄灰海豚要比雌的更白，部分原因在于雄海豚打斗更多，捕捉的乌贼也更多，它们遍布伤痕的皮肤就成了白色的。它们身体的颜色越苍白，对异性的吸引力就越强，在异性眼中，这是捕食能力优秀、顽强和性活跃的象征。卡琳说："白色代表着性感。"由于灰海豚的皮肤会随着年龄增长变薄，最白的灰海豚也是年龄最大的。

与其他鲸鱼一样，灰海豚以体色的深浅比例宣扬其独特性。另外，与抹香鲸和喙鲸一样，灰海豚的牙齿不是用于捕食的，它们吸食乌贼，那是它们最喜欢的食物。海洋里有足够的乌贼给它们吃吗？哈尔·怀特海德告诉我，抹香鲸一年要吃一亿吨乌贼和鱼，这比人类从海洋中捕获的还要多。[1]

---

[1] 或许我们不应该公布这个消息？想想看，渔民们或许会抗议这些贪食的庞然大物呢。要是我们辩解说，鲸鱼是比人类先来到海洋的，不知道他们会不会被说服呢？——作者注

我回到水中，周围满是灰海豚。我们赶上了三头抹香鲸，感觉要被它们压扁了。它们巨大的方形头颅从我的头顶、眼前和身侧经过，我们和鲸鱼混成一团，直到鲸鱼下潜之前，我们花了很长一段时间才把自己人从它们中区分开来，随后，我和潜水同伴德鲁奋力挣扎着回到船上。

我们坐在嘎吱作响的橡胶船舷上，等候指示。又一波涌浪靠近了船头。若昂在那头动物边上操纵着船，慢慢地拉近我们与它的距离。他让我们尽量保持安静。这已经不是我们第一次感到奇怪了：一头体型比我们的船大十倍的动物竟会因为我们的靠近而如此害羞。就像麦穗鹀会被云彩吓到一样，黑色橡胶在它头顶投下的阴影对鲸鱼也是一种威胁。

我在水里的自然反应就是伸手够到什么东西，然后拽着挪过去，对一头野生动物这么做就不合适了——倒不如让我向一头河马挥胳膊。德鲁向我演示了在水中时如何用小船借力慢慢回去，把自己的动作对水面的干扰降至最小；如何将脚蹼保持在水面以下，以免弄出一连串气泡——这对鲸鱼来说是一种挑衅行为。

一切都在于我们的身体状态要尽可能保持随和。我只有5.8英尺高、8.5英石重，怎么可能对一头体型超过我这么多倍的动物构成威胁？然而，我还没有下水，就对我要保护的动物造成了压力。我们的行动有亚速尔群岛的政府特殊许可，但没有人征求过鲸鱼的意见。

大西洋的海浪涌向我，将我吞没。碧浪滔天，我好像顿时失去了重量，身体变得轻盈而自由。我急忙弯下腰，避让身高六英尺的德鲁，他还扛着水下摄像机这个大家伙。我试图辨认方向，若昂让我不时抬头看看暗礁上的陆标，但这并不容易。我们的队长不苟言笑，我觉得他像是足球场上的教练。我偏离鲸鱼的大致方向时，他会大声训斥我。

透过潜水面罩前的水波，我能断断续续地看见这头鲸的头部和从它的一个鼻孔里面喷出的爆裂气流。当它摇摆起伏时，阳光把它的身体映成银灰色。也许它也和我一样非常紧张吧！承受着海浪的拍击时，很难让身体保持平衡，自己好像是鱼缸里的一条金鱼，而鱼缸正捧在一双不稳当的手里。

以上还属于比较正常的，下面这些就不同了。在与鲸相处的这些天里，它们隐身的本事真让我连连称奇；鸟儿能倏忽间就在半空中消失，鲸似乎也能在海里凭空消失。这简直匪夷所思，就像是变戏法一样。我可以在海上看见鲸鱼，距离很近，相当清晰，但在水下，什么也看不见了。突然，一头巨大而迷人的动物被浪花裹挟着出现了，它静止不动，而我在巨浪中颠簸。

我发现自己悬在鲸尾上方，仿佛慢动作定格，这真是如梦似幻，与陆地上发生的一切都那么不同。鲸鱼和海浪像一堵墙一样把我围了起来，与此同时，它们向我完全敞开了。其他一切都无关紧要了。和鲸鱼待在一起，我感受到前所未有的安逸，仿佛鲸鱼灰白色的巨大身躯可以抵御一切邪恶。我能感觉到这一点，是因为我意识到了鲸鱼身体和心灵的强大力量。

在这样一个光明的地方，恐惧是愚蠢的行为。即使人类世界阴云密布，它们的世界也是明净如白昼的。当阴影顺着火山坡滑入大海，这种情形就如阴沉的天空一样呆板无趣，水色灰暗，水深三英里。而第三天，当我再次潜入水中的时候，水底似乎点亮了簇簇灯光。水面上光线阴暗，水下却大放光明。海面如同一面透镜，过滤并聚集着太阳光。而海面之下，当光线逐渐微弱，直至一片漆黑时，鲸鱼的蔚蓝世界中仍然有阳光之外的明亮——它们生命中的大多数时光都处于深海中。

这就像我们永远被夜色笼罩——情况确实如此，因为头顶上黑暗的苍穹亘古不变。黑与蓝，暗与明，只是强调一种范围。鲸鱼的生存环境对我来说无异于死亡。但这样的环境，在很大范围内也象征着生命，恐惧在这里不复存在。我可能是被这些神奇的动物催眠了，它们劝我多留一会儿，向我展示这一方奇幻的世界。就像站在悬崖边会有一种跳下去的冲动一样，鲸鱼和它们所处的深海令我又惊骇又向往。它们对我就是有这种影响。

那黑影不再难以分辨，它终于揭开了神秘的面纱——那是一头大型雌鲸，身下跟着一头幼鲸。当它们在海面下游动时，幼鲸在妈妈身下吃奶。

这是一幅亲密的场面，我觉得自己就像一个闯入者，仿佛正盯着一个母亲在咖啡厅里给孩子喂奶一样。十三岁大的鲸鱼胃里还发现过乳汁，这相当于一个十几岁的人类少年还接受哺乳，有时也可能是由阿姨或母亲的好友哺乳。这是一种异亲抚育行为，当母亲外出觅食时，没有血缘关系的雌性会给幼崽哺乳，彼此守望相助，维持生存，分担责任。不育或老年的雌鲸，这样的个体在其他种群中会被视为没有价值，而在鲸群中仍要各司其职，担任保姆的工作。

这种行为充分说明抹香鲸有高度发展的社会结构。哈尔·怀特海德说："抹香鲸是流浪者，几乎总在不断移动。它们最稳定的参照点即是彼此。"对鲸鱼来说，同伴所在之处，即为家园。与大象一样，社会联系定义了抹香鲸，它们有很多相似之处——大象是陆地上脑部最大的动物，而鲸鱼则是海里脑部最大的动物；它们都有十分发达的鼻子作为感觉的延伸部分；大象有象牙，鲸鱼有尖牙，它们都有一双充满智慧的小眼睛，嵌在起皱的灰白色皮肤上；它们都属于高度发达的母系社会——抹香鲸不妨说是水中的大象，而大象是长着四肢的抹香鲸。大象的社会是流动的，以自身为中心，而对于鲸鱼自己和对于科学家来说，它们不在的地方与它们为什么去某处，有着同等重要的意义。哈尔估计，在猎杀后幸存的抹香鲸在全世界范围有三十六万头，它们分布在31662万平方千米的海域内，"平均每平方千米有0.0011头抹香鲸"。以此数量无法估算过去有多少抹香鲸，尽管智人两千年间遍布全球，但在此之前，抹香鲸是世界上数量最多的哺乳动物。这些来自远古的动物不妨说是升级版的恐龙，同样面临着灭绝的前景。

我出生的时候，世界上大多数鲸鱼已被捕杀殆尽。人类在二十世纪大量捕杀成年雄鲸，摧毁了鲸鱼族群，考虑到鲸鱼的寿命，这种遗留问题可能要好几个世纪才能解决。在这么多的威胁下，它们努力寻求族群繁盛，这证明了鲸鱼的自然选择及其社会组织的强大力量。鉴于鲸的文化群落及社会组织是以母系社会形式传承下来的，那么，抹香鲸何以如此重视母系的原因可谓耐人寻味。有种解释是，抹香鲸与陆生哺乳动物不同，其种群无法依赖雄性来保护，因为在它们的三维世界中，遭到攻击的可能性无处不在；而无论如何，雄性抹香鲸游得比雌性远，能向南或向北游到遥远的地方。与此相同的是，雄性大象四处游荡，只在交配季节才会回来。这样一来，雄性的作用减弱，社会领导权就交给了雌性。也许，抹香鲸是真正自由的动物。

同时，多少有些自相矛盾的是，哈尔和他的同事们注意到，这些巨大部族在太平洋的活动非常局限，也许是出于对安全因素的考虑，因为它们在这里受逆戟鲸攻击的可能性要比在大西洋高出很多。两个大洋中鲸群的差异与东西方人类的差异类似，虽同属一个物种，但分属不同的文化群落。

哈尔试着了解这些移动的、发出嘀嗒声的族群，将鲸鱼按分布空间和数量分成了四类："集中类"分布在几百千米的范围内；"聚集类"分布在十千米到二十千米的范围内；"群体类"分布在几百米至几千米范围内；"群集类"彼此距离不超过身长。而更大的集群太大了，我们是无法看见的，只能利用科学和统计学手段进行侦测。但我们能感知到它们的存在，就像太阳系之外的行星一样，它们漫游在海洋宇宙中。

日复一日，当我入水时，逐渐能更好地判断鲸鱼要做什么，会对我做出什么样的反应。我意识到这些迹象是多么微妙啊！这与你凝视着某个人的眼睛，与其心心相通一样，在诉诸言语前，就知道他对你的想法。我与一头巨大的幼鲸一起游泳，消磨了很久，把它从头至尾都拍了下来，从它纯白色的颚部，到尾鳍上那一大块可怕的疤痕。后来，我甚至在更近的地方看到了它，这次邂逅让我们俩都目瞪口呆，那头鲸的下颌张开，慢慢地一张一翕。后来，我想它这样或许是因为紧张，就像乌鸦受到惊吓时会喙部半张一样。

鲸鱼惧怕人类的世界不无道理。很多鲸身上都有疤痕和伤口，这些都是它们与捕鱼装置和船只碰撞后，在挣扎中留下的痕迹。当我爬上船，喋喋不休地描述我的海底见闻时，若昂说："它们很顽强，伤口很快就能愈合。"鲸的身体与它们的灵魂一样，惯于忍耐，尽管我曾因大胆推测鲸鱼这种忍耐力而受到指责。

我觉得若昂正对我大笑。

我回到水下，一头鲸鱼幼崽正盯着我看，它随即立起身体跃出水面，仿佛是为了看得更清楚些。它在水下全身灰白，一副天真无邪的样子，直到它对着我的脸排出一大坨稀稀拉拉的粪便——这可能是一种防御手段，也可能纯粹是在玩。另外一头同样充满好奇心的幼崽和它结伴。它们相互壮着胆子，离我更近了一些。

突然，它们的数量明显增加了，一头巨大的雌鲸与另外两头幼崽从蓝绿色的阴暗处快速转动着游了过来。我陷入了这么一大群鲸鱼中，变得有点紧张，我从来都没有与这么多鲸鱼一起游过泳。视野所及，全是鲸鱼，大海被它们占满了，到处是它们游来游去的身影。它们身体微妙的颜色在水中闪耀着，无与伦比，经海水过滤的光线在它们的背上和身体周围舞动着。只有如此巨大的动物才可能表现得如此优雅，它们之所以行动优美，正是因为它们有着巨大的身躯。

这些幼崽中，只有一头是那头母鲸的孩子。我正见证着一个鲸鱼托儿所：这些身形巨大的动物彼此来回扭转身体，一直在互相轻触，互相安慰。有那么一刻，仿佛我也被母鲸收养了。母鲸也许是了解自己强大的保护能力吧，它安详地看着我；而它的那窝幼崽在它两翼的保护下，像受到鼓舞似的，好奇地打量着我，而我也好奇地打量着它们。

过了一会儿，它决定要游走了，把幼崽们召集到一块儿，明显加快了速度，游向了大海深处，剩下我孤零零地踩着空荡荡的海水。

我们在海上的最后一天，当地政府颁发的许可证到期了。鲸鱼活动的旺季即将来临，但我们再不能下海观鲸了。能在船上观察鲸已经让我们很满意了。就在那时，一大群抹香鲸游到海面，开始了社交活动。

这是我有生以来见过的最令人惊喜的景象之一。鲸鱼灰白色的身影在水中游动着，它们不断轻触彼此的身体，很难说清某头鲸是从何处来，又往何处去的。它们的头部升出水面，像光滑的黑色圆筒，带着某种庄重的意味轻轻摆动，像油一样闪闪发光。它们打着哈欠，露出一排排崭新的幼齿，像白色的花蕾一般闪亮。在空旷处观察它们，比在水底观察似乎更奇怪。这就好像通过水洼中的反射观察大象，尽管这里的每头幼鲸都比任何一头皮肤粗糙的大象还要大出很多。

数小时过去了，它们仍在互动着，全然不顾我们的存在，无论成年鲸还是幼鲸都是如此，它们对彼此全神贯注。一头年轻的鲸鱼似乎一度想跳到另一头的背上，仿佛要从它的背上翻过去；另一头无精打采地靠在头鲸的一侧，在流动的水波和同伴们掀起的小浪花中懒洋洋的，一动不动。它们的尾和鳍、体侧和腹部彼此交叠，彼此倚靠，相互爱抚着。它们的亲密接触显然是舒适和愉悦的。我看到两头鲸鱼头对头碰在一起，相互触摸额头，更具体地说，是鼻子部位。在感情甚至思想的交会中，它们紧紧依偎在一起，这是何等的热情。

在这场让我们与鲸鱼一样着迷的非凡展示之后，其中两头在我们船头不远处现身了。起初，我觉得它们还是玩伴，一直到它们朝我们笔直游过来时，我才意识到这是一头母鲸带着它的幼崽。它们朝我所在的船头游来。我敢肯定，它们随时都会迅速游开，潜入海底。

但它们并没有那样做，反而继续游过来，一直游到船侧。它们离我这么近，我甚至都能俯身伸手触摸到它们了。我能看见那幼崽的头顺着海水上下摆动，紧紧贴着水面；母鲸在它身旁，我能看见它的整个身躯——令我们的船相形见绌。它正抬着头看着我们。母鲸的白色下颌像冰山一样辉映着绿光，我们与它就隔着几英尺远。这如梦似幻的状态持续了三个小时后结束了。它们陆陆续续地经过我们身旁，向远方游走了。

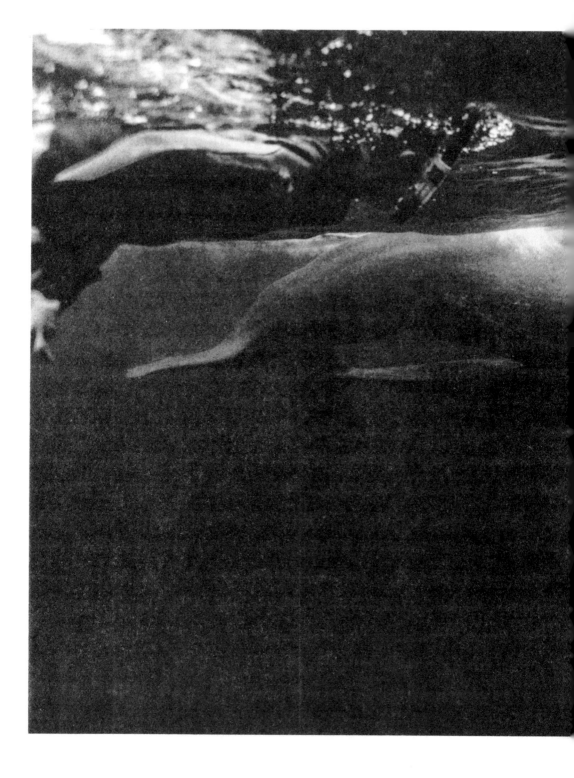

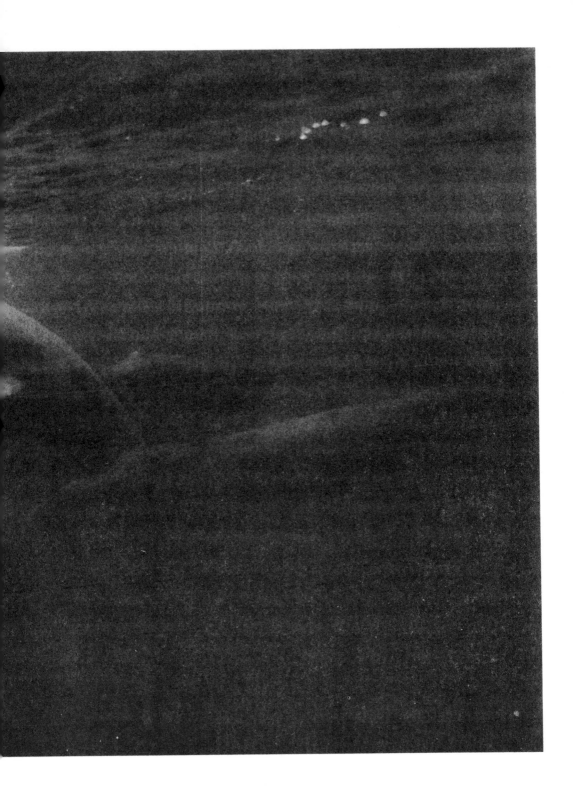

第五章
偶遇之海

鸟儿们也许会飞回来盘旋片刻……但很快，它们又飞走了。它们消失后，没有人在那儿，"空无"突然就出现了，这就是"禅"。"禅"自始至终未曾离去，但那些食腐动物错过了它，因为"禅"并不是它们的猎物。

——托马斯·莫顿，《禅与欲望之鸟》，1968年

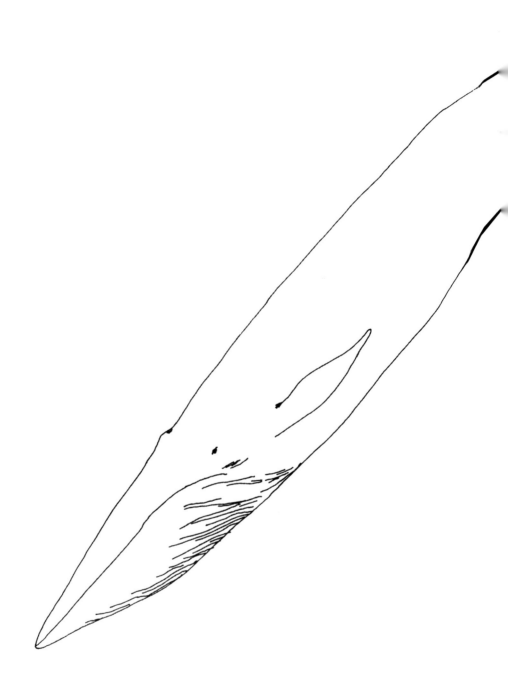

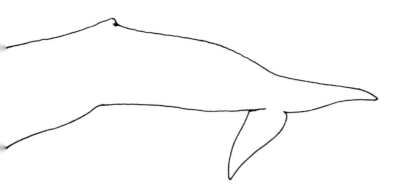

夜幕骤然降下，但天还没有全黑下来。夜空像一条又热又厚的毛毯，盖在这座岛屿上方。我醒过来，头顶的吊扇仍在呼呼旋转。屋外，棕榈树隐没在暗淡的光线中。大海的白噪音打破了我的梦境，海浪冲上岸边的沙滩。

我和德鲁挤进嘟嘟车里，膝盖抵着蒙着塑料布的座位。后视镜里，一尊镀金佛像在左右摇摆着。对面街上传来穆斯林宣礼员的报时声。清晨四点钟，上班的人行色匆匆地走在路中央，而人行道却让给了动物们。这个地方给人的感觉是被打破后又重新组合起来的。一群人慢慢地走向某地，这段路程只要五分钟，这样的行走却已经持续了五个世纪。自行车从黑暗中驶出来，后轮上一左一右驮着巨大的鱼箱。我们的大灯映射在狗的视网膜上，它们在灰尘中蜷缩了一夜以后，正伸着懒腰，舒展筋骨。

我们转入一条小巷，两旁都是低矮的村舍，有在建设的，有已建成的，也有倒塌败落的。嘟嘟车突然在一片树林空地停了下来，一个男人从树林中窜了出来，提着他橙绿相间的围裙，小心避开人行道上满地的垃圾。这人就是拉西卡。他相貌英俊，颧骨高耸，戴着一顶有遮檐的迷彩帽，有种自由主义战士的气质。我跟着他穿过一片被压扁的塑料瓶、单只平底人字拖鞋和椰子壳覆盖的地方。路的尽头是星光闪耀的大海。

拉西卡将"古宣普察号"渔船稳住，让我们登上甲板。这并没有花多长时间。这艘船大概只有二十英尺长，比独木舟还要小一些，到处都是玻璃纤维的补丁，曾经洁白的表面沾满了不明的斑斑污迹。我们为保持平衡分坐在临时搭的蓝色木板上，木板上盖着尼龙坐垫，用安全别针固定在一起。拉西卡从岸上将船推进海里。小船随波起伏，沙子擦过船底时，我能感觉到轻微的晃动。

我们离开米瑞莎（Marissa）海滩，向着海湾进发，我的眼睛已经适应了暗淡的光线，目之所及，到处都是渔船。经过一整夜的辛苦工作，它们返航了，网袋里胀鼓鼓地装满了银鱼。其他船只驶在前头，黑色的船影下是更漆黑的海水。这些船不知怎的使黑暗显得宜人了。我们经过防波堤上一盏闪烁着绿光的灯，不远处的海岬依稀可见。由于这里接近赤道，昼夜的开始与结束都十分鲜明，尽管山峦挡住了黎明的脚步，遮住了从海岸东边升起的太阳的光辉。启明星闪着光，随后慢慢沉入蓝色的天宇。就在那些山丘之上，朱莉亚·玛格丽特·卡梅隆临死前最后仰望了一眼天空。在某个地方，我的祖先或许也曾拥有过大片种植园；也许，他也曾航行于这片海域，完成自己生命中最后的旅行。

然而，此番美景对我来说竟有些无法消受。现在才清晨五点半，我把自己的圆筒包塞进船头下的空地，爬进小隔间，拉上头上的风帽，蜷缩着躺在凹凸不平的地板上——居然还挺舒服。船轻轻摇晃着，我的心慢慢安静了下来，随着舷外引擎嗡嗡震动，我能透过薄薄的船体感觉到海水。船舱内部有一处存放死鱼和臭渔网的地方，我知道身下是什么东西，更觉得我的小窝儿温暖安全，躺在这儿就像是躺在母亲的子宫里。我仿佛睡在了海底。很容易在这里安睡一整夜，尽管到处都覆盖着一层海盐，我却不用顾虑自己现在看起来是什么样子，身上有多脏多潮。

这一切都不再重要，随着我们接近目的地，它们消失于无形。随着沙子微弱的刮擦声，我们渐行渐远：如果继续航行，我们将驶过一万英里，到达南极洲。这片海洋连接着地球上最热和最冷的地方，而这两地之间是一片浩瀚无垠的生命竞技场。

我的甲体在地板上微微颠簸，然后翻滚着停了下来。拉西卡已放缓航速，引擎发出"咕噜咕噜"的颤声。船停了下来，我也醒过来，挪出船舱，到光亮处，眨了眨眼睛。太阳已经冲破地平线，耀眼的光线驱散了星辰。我们并没有停下来观看美丽的日出。前方的海面上突然间冒出了许多轮廓分明的黑色物体：那是飞旋海豚在轻盈地跃动，它们尖尖的背鳍闪现着。我兴奋坏了，踮起脚尖往海面上探身看着。

"加把劲儿，孩子们！"我大叫道。海豚随即转向，俯冲沉入了海中。恰在这时，它们开始旋转，在海面上整圈地旋转，展现出它们光滑有斑纹的侧翼和红扑扑的腹部，像极了跃过堤坝的鲑鱼。拉西卡开始发动引擎，它们随即游开，在船头前方快速游动——世界上所有的海豚都一样，仿佛每头海豚都要在一场无限期的海洋奥林匹克运动会上表演。

隔着这么近的距离，就很容易了解它们的名字"长吻原海豚"由何而来，因为它们都长着狭长的吻部。每次跃出海面，它们都会露出像扫帚柄一样突出的吻部，里面长着几十颗尖牙——用于猎食船底下的鱼类，堪称完美。

　　一群燕鸥突然从空中俯冲下来，从各个角度潜入水中啄食同一群鱼饵，它们的鸣啭中好像充满了大快朵颐的喜悦。一串更大的水花溅了出来，黄鳍金枪鱼狂乱而参差不齐地跃出水面。它们通体银白色，长着尖利的锯齿状碎鳍，眼睛又圆又大，就像卡通动画里的一样。在这个寂静的清晨，这种密集的奇观会在整个洋面上重复上百万次。

　　这时，电话响了。拉西卡从高处取下一只盒子，拿出一部二十世纪八十年代的那种台式电话——带有按键，电话机后面连着电线。我和德鲁惊讶地互望了一眼：难道这条电话线一直延伸到岸上？我们的船夫跟另一名渔夫通了电话，随后小心地挂上听筒，重新启动引擎。他一辈子都在大海上，根据经验来导航，就像他的渔夫同伴们利用月亮的盈亏来判断鱼群的移动一样。十九世纪的捕鲸者也在抹香鲸身上发现了相似的现象，它们似乎会在满月和新月时聚在一起。这种现象可能与它们以鱿鱼为食甚有关联，但是巨鲸在月光的吸引下游过温暖海域的景象太富于诗意，令人无法抗拒。佛教徒相信，任何人的灵魂都可以重生为鸟、鱼或鲸，反之亦然；任何生灵都可以转世化为彼此。他们的宇宙论中没有上帝，没有疆界，万物有灵，因为世间一切生灵相互联系又相互依赖，皆可成佛。在佛教文化中，每个满月都是一个全国性的节日，工作和玩乐都要遵从自然的节奏。在黎明时的近海，渔人们站在细长的桩柱上，像浪中栖息的苍鹭。他们乘着涂绘着鲜艳图案的船只，用舷外桨架保持船体平衡，这些船看起来更像狂欢节上的彩车，船员们像海盗一样挂在桅杆上，穿着极为明丽的莎笼，就和美国独立日游行中那些想要胜出的人一样。他们甚至连渔网都绚丽多彩——似乎在这样酷热的阳光下，一切都不该呆滞单调。

大海充满了勃勃生机。成群的飞鱼像密密麻麻的蜻蜓掠过水面。我们把船停在另一艘渔船边，那艘船上的船员从船板上猛地拖起一条巨大的银白色旗鱼，它尖尖的喙部像一把锋利的匕首。有人把它风扇叶一样的背鳍拔了出来——这片鳍超过一米长，通体铁蓝色、多刺。他们花了六个小时才把这件光彩熠熠的战利品弄上岸，一上船它就不停地剧烈冲撞扭动。这次捕获获利丰厚，他们可以一个星期都不用再出海了。后来，我们看到另一名船员把他们网里的绿海龟放生了。但其他的野生海洋动物却没有那么幸运：由于印度洋海岸拥挤，意外捕获和过度捕捞是这里常见的地区性问题。

在海域的更远处，另一艘渔船进入了我们的视野——起初，它在地平线上只是一个小点，离近看其实很大。巨大的钓竿从船两侧伸出来，像螳螂的触须一样，钓竿由剥皮的树枝制成，非常结实，完全能捕获金枪鱼。扩音器中突然响起班戈拉舞曲。随着舞曲，船员们摸出香烟，晃起脑袋，这种晃头的方式很有特色，含义不明，既可能表示默许，也可能表示同意——在一个礼仪之邦代表某种微妙的矛盾心理。拉西卡的僧伽罗语说得很流畅，但还是不完全清楚船员的想法——他们否认鲸鱼的存在吗？或者他们是否曾看见过大群鲸鱼？在那里吗？是的，在那里，就在那里。不，这里一头鲸鱼也没有了。

每前进一海里，陆地都在逐渐消退，它失去了一切重要性，地平线上只留下一抹模糊的影子。南部海岸有着世界上最繁忙的海上航线，那里有移动缓慢的重型装载卡车，和我在南安普敦海岸边见过的一样，与渔夫涂绘鲜艳的渔船相比，卡车就太过平淡乏味了。至少有六个黑色的身影零星散布在地平线上，在天穹下持续不断地游去。

拉西卡手指地平线，几乎耳语似的说出了我们一直想要听的那句话。我什么也看不到了。随后，在那里，是的，在那蓝色的天幕下有些白色的东西。

又出现了。那东西像房子一样高。

又出现了——那是根立柱，在平坦的海平面上。那是海面上喷发出来的一道水柱！

"古宣普察号"渔船的引擎开始加速。现在我们真的在移动了。我倾身向前，紧抓着栏杆，手指关节都发白了，低着头，使劲弯下腰，竭尽全力想捕捉到鲸鱼的身影。突然，就在我们船头不远处，鲸鱼升至水面，露出了庐山真面目。在场证据昭然若揭——它喷出的水雾有两层楼那么高。这是一头蓝鲸！简直难以相信，世上竟会有如此美丽的生物。

这是一次循序渐进的现身。首先是黑色挡泥板一样的东西，那是鲸鱼的喷水孔。其次是它楔形头部后面的身体，与其说那是躯体，更像是在建的摩天大楼，一栋活生生的建筑物；它的尾迹就是留言。

我以前只在博物馆里看到过蓝鲸模型，在野外工作指南手册上看过它的形象，和它的近亲列在一起。而博物馆和手册跟现实比起来可差远了，蓝鲸如此庞大，我唯一能够确定的就是它身体的颜色。它真的是蓝色的，至少在特定光线下看来，是泛着油膜光的深蓝色，或者像燕子背上的那种蓝色；那是海洋精粹的蓝色，还带着虹彩。像抹香鲸一样，从不同角度看去，蓝鲸色彩变幻如变色龙一般：它瞬间染上灰色和蓝绿色，纹饰宛然，像山毛榉上的苔藓或锌板上的光泽一样；随即，那种蓝色又变得和日式座椅上的漆一样深。这种迷惑人的特性让它们更难以被人所理解——仿佛理解它们还不够难似的。

事后，我查看拍摄的照片时，才回想起自己看到却并没有及时记录的细节：随着它向前行进，整个大海似乎都被它拽了下去，海水像是分开了给它让路。它的行进威风凛凛，恰如其分。它充满生机，却并不与大海分离；它就是海洋本身。德鲁告诉我，有一位科学家发明了利用激光反射鲸鱼首尾两端来测量其尺寸的方法，这让我想到了中世纪绘画里把上帝对圣徒们的注目连在一起的可视光线。而我仅有的测量工具就是自己的眼睛。

此外，蓝鲸的背鳍与其庞大的身形相比小得有些可笑，这也是我事后才想起来的。后面厚重的尾鳍才符合这头与大型客机一般体量的动物的身材比例。蓝鲸肌肉厚实，充满了力量，它可以跃上高空，再像折叠刀一样落入海中。

不过，我们首先必须等蓝鲸在海面喷气翻腾结束。为这个迟来的奇景，我们翘首以待，周围安静得如同窒息一般。全世界的人都在忙于生计，我们却等着看蓝鲸的潜水表演。

就在这时，情况有了微妙变化，蓝鲸改变了冲力，突然开始加速。你几乎无法确切说出这到底是什么时刻开始的，但很明显，这真的发生了。你可以感到蓝鲸肌肉开始收缩，呈波状起伏，向上升起又跌落下来。突然，蓝鲸的尾鳍快速转向，朝向天空，仿佛海浪中升起巨帆。这些尾鳍巨大无比，宽阔而浑然一体，与身体成直角，像飞机尾翼一般。尾鳍悬停片刻，随着与之相连的巨大身体晃动着。它宣告这次相遇进入尾声。随着最后的炫技，这次会面也结束了，只剩下我们这些意犹未尽的人。我和德鲁都认为，鲸鱼身上有种性感的特质。它们光滑、富于肉感、不可捉摸，它们是终极的挑逗。这就是令人着迷的地方。

　　蓝鲸可能是地球上存在过的最大的动物，但在斯里兰卡的岛屿文化中，它们却没有一席之地。古罗马地图描绘了东南海岸的一处岬角，叫作"鲸鱼角"①；普林尼②在公元一世纪的著作《自然史》中，将锡兰描绘成"被自然遗弃于世外之地"，此地因而免遭其他国家恶习的浸染。在西方势力之外，鲸鱼生活得无拘无束。这座岛曾如同伊甸园——这里也被认为是鲸鱼从口中吐出先知约拿的地方——那时鲸鱼被认为是出没在世界边缘的魔鬼。在中世纪神话传说中，鲸鱼本身就是一座座岛屿，随着年龄增长，它们的背上长满了根须、灌木和乔木："犹如世界上最大一

<hr />

　　① 　原文为"Cetcum Promotorium"，古罗马语。
　　② 　古罗马博物学家。

片海草，覆盖在海岸上，海岸周围尽是沙滩。"

一千多年后，蓝鲸才在这片水域重新出现，至少是被人类观察到了。我姐夫萨姆帕斯最先告诉我，随着内战结束及2009年沿海水域军事管制撤销，鲸鱼似乎奇迹般地出现过。直到那时，鲸鱼仍被当作偷鱼贼和破坏者。现在，它们已经成为一种景观，而不是恐惧的来源。尽管我后来在斯里兰卡西南部港口城市加勒（Galle）一次学校集会上问及是否有人见过鲸鱼时，只有五六个人举起了手，但事实是，世界上最大的动物在孩子们玩耍的海岸边几英里处游动，人们却对此熟视无睹。

那天，我们初次出海，鲸鱼曾接二连三地喷出水柱。我们左冲右突，鲸鱼一头又一头地出现在各个方向——大概有二十四头，也许更多。在我们四周，它们喷起的水柱射向高空，宛如水上烟花一般。在水面之下不太深的地方，鲸鱼每天都用嘴兜住数以百万计的磷虾，那是它们的食物。我甚至可以闻到，空气中的气味发生了明显变化——浮游植物散发出的二甲基硫气体的特有味道，而磷虾正是以这些浮游植物为食。正因为有了这些浮游植物及磷虾，鲸鱼的生存才有了可能。

母鲸和幼崽聚拢到我们周围，幼崽游到我们近旁，想看看我们是什么。没人能确定这些鲸鱼会去哪里交配产子，但年轻的海洋生物学家阿莎·德·沃斯（Asha de Vos）除外，她一直都在研究这个族群，认为鲸鱼会就近交配产仔。作为一名斯里兰卡人，她强烈声援保护鲸鱼，并认为这是她的责任。她告诉我，这些鲸鱼属于特定的印度洋蓝鲸，甚至可能分化出了亚种，它们在地生活，而非四处游荡，这个族群业已壮大，开拓了这片富饶的海域。大陆架非常靠近斯里兰卡岛的最南端的栋德勒角（Dondra Head），深海的冷水和浅海的温水在此交汇，形成了上升洋流，因而为鲸鱼提供了理想的生存环境。

《白鲸》里的伊希梅尔写道："那头蓝鲸很少出现，至少除了在遥远的南部海域，我从未见过，即使见到也总是隔着很远的距离，很难一窥真容。它从来都没被追捕过，即使身上套满了绳索它也能逃走。它的神奇事迹数不胜数。再会了，黄腹鲸！"他在结尾用了蓝鲸的昵称，黄腹是指经常覆盖在蓝鲸肚子上像深黄色涂料的寄生虫。"我无话可说，那真的是太贴切了……"

伦敦自然历史博物馆里的显示屏笼罩在蓝鲸的投影下，证明伊希梅尔的话是错误的。它诉说了二十世纪的捕鲸史：人类之前几乎不捕猎鲸鱼，而到了1939年，捕获的鲸鱼数量一度数以万计——那年，伦敦自然历史博物馆首次公开展示蓝鲸标本——也是那一年，南大洋①上有四万头鲸鱼遭到捕杀。

在那之前，人们根本追不上鲸鱼。这就是斯里兰卡的殖民者——荷兰人、葡萄牙人、英国人——以前都不会猎捕这些鲸鱼的原因所在。鲸鱼没有出现在斯里兰卡历史中的另一个原因是：它们惊人的体型和速度不是人类所能及，它们太快，也太大，不可能为人所见。佛教徒认为，存在和不存在的感觉都是完全可以理解的。对其他人来说，即便从高高的船头上发射装有爆裂弹头的鱼叉，想要在那么远的距离射中鲸鱼也几乎不可能。而挪威、日本及苏联新造的舰船却可以做到。到二十世纪中期为止，捕鲸活动达到最高峰，此外还有数十万被苏联人捕获的鲸鱼是未经报道的——根据斯大林的"五年计划"，每年的产量一定要超过往年，人们就捕获鲸鱼充数了。

巨大的捕鲸舰船如镰刀般劈开海水，其中一艘"暴风号"上的船长是一个名叫瓦伦汀娜·雅科夫莱芙娜·奥利科娃（Valentina

---

① 南大洋，又称南冰洋或南极海，是围绕南极洲的海洋。

Yakovlevna Orlikova）的女性。1943年，《今日苏联》（*Soviet Russia Today*）杂志封面登过一张她的照片，照片里的她有着高高的颧骨，深色头发，穿着制服，身材苗条，袖口、衣领和领结上有金色穗带。随后，《时尚芭莎》（*Harper's Bazaar*）杂志登出了一张更为迷人的照片，竟使阿娜伊斯·宁[1]与这个"社会主义劳动模范"，一个武装了"鱼叉飞弹"的苏联女英雄坠入了爱河。奥利科娃在南极洲捕鲸长达四十年，她的上级曾报告捕获了185778头鲸鱼，包括蓝鲸、鳍鲸、抹香鲸、露脊鲸、灰鲸和其他种类的鲸鱼；而真实的数字是338336头。在充斥着虚假消息和意识形态对立的冷战中，鲸鱼是最终的失败者。

1963年，首届"国际鲸类动物研讨会"在华盛顿举行，很多不同学

---

① 阿娜伊斯·宁（Anais Nin，1903—1977），出生在法国，兼具西班牙、巴西、丹麦血统的美国传奇女作家，一个具有争议性和传奇性的女人。西方文坛一直传扬着这样一句话：阿娜伊斯·宁的日记是二十世纪最独特的一道文学风景线，我们在她那不同凡响的日记中能看到一个伟大的艺术时代。

科的科学家出席了这次会议。研讨会致力于搜集鲸类动物的最新信息，并报告了鲸类物种的脆弱性。这次会议使人们在如何对待鲸鱼的问题上有了新认识，产生了紧迫感；作为会议主持人的L.哈里森·马修斯（L. Harrison Matthews）呼吁"科学界的朋友们"提供财力支持，配备一艘考察船，在鲸类动物濒临灭绝前建立专门专项的研究机构来解决这些问题。他还补充道："一颗远程导弹的制造成本就足以囊括整个计划的全部费用。"那时正是古巴导弹危机爆发的一年后，核战争的威胁笼罩了整个世界，这句话尤为引人注目。1969年，史密森博物馆的馆长雷明顿·凯洛格（Remington Kellogg）向人们展示了真正的蓝鲸标本，并向全体观众报告了最新更新的精确数字，就在此刻——

329946头蓝鲸死亡

——其中绝大多数死亡都在他任内发生，鲸鱼的末日近在咫尺。科学历史学家D.格拉汉姆·伯奈特（D. Graham Burnett）领悟到，既然一切为时已晚，也只有现在尽力弥补。这位善意的科学家曾是国际捕鲸协会发起人，他毕生都致力于搜集数据，最终却意识到他这一辈子都在"为敌人卖命"。科学家们穿着过膝的长筒靴站在捕鲸站的血污中，他们用威士忌向人换取鲸鱼胎仔，从而得出了这样一个简明而可怕的公式：

在动物死后搜集数据+在动物垂死时搜集数据=自我实现的预言得以验证为科学

甚至现在，在现代鲸类动物学这个学科的光明新纪元，我们仍坚持想尽一切办法驯化鲸鱼。对这些海洋哺乳动物生理机能的暴力调查和行动减少了，但我们仍千方百计企图给它们打上标签，用GPS卫星定位追踪它们，以此获取简洁明了的数据，尽管这些技术对动物本身可能危害甚大，引起感染，甚至会限制其行动能力。事实上，它们成了根据我们的意愿远程控制的模型，被定位，被收买，被强行纳入我们的世界，而不是自由自在地生活。

我们在印度洋上看到一艘巨大舰船赫然耸现。船体灰白，舷窗紧闭，这艘船过去是在战争中用于运送军队的，现在则用来载乘客出海观看鲸鱼。当军舰喷着蒸汽行驶时，拉西卡简单评论到："太吵，不好，鲸鱼会下潜。"后来我们了解到，这艘军舰首航时，其中一名乘客就是弗拉基米尔·普京，几个月前，他在巴伦支海拍照，照片中他用弩镖射中一头鲸鱼，仅是为了给它打上标签。

我一跳入水中，它就不见了。我孤身一人浮在水面上，突然意识到自己多么容易受到攻击。身体暴露在外，任何东西都可能从后面或水底向我靠近。我的恐惧不断升级，几乎难以平复，因为我想到我身下的海水大概足有一英里深。

透过防水罩向下看，我看到一条蛇形动物在那里卷曲翻滚。它在水中扭着身体，脊柱发亮，令人生厌。我用脚蹼加力游回船边，背靠着船，仿佛薄薄的船体能保护我免受未知动物的侵害。我对下方的漆黑海水扫视了几分钟，庆幸自己放弃了深潜，回到了"古宣普察号"上。

斯里兰卡，古称"塞伦迪普"（Serendip，斯里兰卡的阿拉伯语名），现在英语中"意外发现"（serendipity）一词即由此而来。1754年，贺拉斯·沃波尔①在读过一篇名叫《塞伦迪普三王子》（*The Three Princes of Serendip*）的十六世纪意大利童话故事后，杜撰了"塞伦迪普"这个词，这篇故事的主人公"总是遭遇意外，凭借睿智发现探索，他们并未主动追寻那些事物"。

在沙滩上，好几个男孩问道："你叫什么名字？你从哪里来？"片刻后，我编出来一个故事：我结婚了，有五个孩子；我是一名法国士兵，我听不懂你们说什么。这里的男人用手臂搂着彼此的脖子，比这里的女人还要美丽；一切都与炫耀有关。巨大的蓝红两色的翠鸟飞掠过河面。孔雀栖息在树上，像鸽子一样肆无忌惮。

在斯里兰卡韦利加马（Weligama），离海岸几百英尺的地方有一座小岛，只比长满棕榈树的山顶岩石大一点儿。岛与陆地间的水深不足数英尺，无须划船即可前往。岛屿顶上是一座样式怪异的别墅，透过树林勉强能看见。一晚，我们应邀前往，涉过温暖的水，沙岸上杵着燃烧的火炬，引导我们前行。到了远端漆成白色的防波堤，我们穿过长满蕨类植物的小路，来到房子前。八角形门厅里有八扇门，每一间房间都通往另外七间。整栋建筑外围绕着一条很宽的走廊。整座房子似乎专为休闲之用，布置得精美至极，与沃波尔在泰晤士河岸边草莓山上的哥特式山庄不无相似之处。

这栋建筑由自封的德·莫尼–达尔范德伯爵（Count de Mauny Talvande）于1927年建造。他是一个银行家的儿子，不是贵族；生于1866年，名叫莫里斯·马利亚·达尔范德（Maurice Maria Talvande）。他在肯特郡坎特伯雷市的圣玛利亚学院接受了耶稣会的教育，正是在那

---

① 贺拉斯·沃波尔（Horace Walpole，1717—1797），英国艺术史学家、学者、古文物研究者和辉格党政治家。

里遇见了斯特拉福德（Strafford）伯爵的儿子乔治·宾（George Byng）。1898年，莫里斯娶了乔治的妹妹玛丽为妻。婚礼盛大而隆重，有威尔士王妃参加，玛丽就是其侍女，欧洲的其他皇室贵胄也参加了婚礼，在之后的几十年内，他们的王权将要毁于一旦。

莫里斯与玛丽的婚姻并不幸福。他们在法国卢瓦尔河边建造了一座他称为"大学"的城堡，给英国贵族子弟授课。他被指控追求伊舍（Esher）子爵的儿子奥利佛·布莱特（Oliver Brett）。后来他匆忙离开欧洲，被认为是畏罪潜逃，据说，玛丽夫人曾给失和的丈夫汇过款，实际上是借此让他远离自己。他在伯恩茅斯（Bournemouth）的一处花园里看见了火百合，受其吸引，后来去了斯里兰卡，为的是寻求"一个地点，有着至高无上的美，是我梦圆之地，是我此生永驻之所"。1925年，他在韦利加马找到了这个地方："（那是）一块满覆着棕榈树和丛林灌木的红色花岗岩礁，耸立在印度洋上——粉色珊瑚礁中的一颗绿宝石。"

他花了二百五十卢比买下了这座岛，并以斯里兰卡的希腊名为其起命名为"塔普拉班"（Taprobane），意即"极乐园"。对一个自创自发的人来说，隐退至此正合适。但这里也有糟糕的名声：一个眼镜蛇窟，并且这里的佛教僧侣还禁止杀生。如果说斯里兰卡是伊甸园的原型，那么，塔普拉班岛就是它疏远的后裔。

莫尼的房子占地2.5英亩，即使在这个奇特的岛屿上也显得极为不凡。阳台布置成空中花园，环绕着八角形的别墅，而在这个离奇的坐标系中，别墅的八角作为罗盘指示方向。往北是锡兰，往东是孟加拉湾，西边是阿拉伯半岛和非洲。南边则是印度洋，再远处就是南极。从这里看，整个世界一览无余，但窥视着世界的眼睛却隐匿着。这样的环境只会煽动莫尼的野心。他想在别墅中包罗万象，如同克里斯托弗·翁达杰[①]所写的：随着"湖泊的水波回响，令人仿佛置身意大利卡普里岛（Capri），又似乎在斯里兰卡康堤（Kandy）寻幽探秘，阿尔罕布拉宫的木雕柱子，甚至梵蒂冈花园的环境特色在此复现"。

位于这座精致宫殿中心的是一间露天莲花厅，厅内装有蓝色和金色的嵌板。入口处是一个剧场式大型拱门，拱门上饰有新艺术派风格的蓝色丝绸帘子（没有门），八根天蓝色柱子支撑着圆屋顶。整栋建筑就像一个坐落在这座小岛上的神奇灯笼，金色灯光穿过琥珀色的玻璃窗，将房间照得一片辉煌。在这极乐园中，甚至客人们进出的铁门上也装有孔雀雕像，孔雀头为黄铜所制，眼睛镶嵌着绿松石。据说，有人可以透过孔雀的眼睛，穿透时空，看见浩瀚的印度洋。

为装饰这座别墅，莫尼自己设计了法式风格的家具，家具在科伦坡制造，尽管时有洪水和飓风肆虐，其中部分家具仍保存至今。这项工作进展缓慢，直到1931年，莫尼才入住他的豪华居所。整个二十世纪三十年代，欧洲贵族常去塔普拉班岛——正是这些人，曾将冒牌的贵族德·莫尼拒之门外，现在却被引诱到了他的这座岛上，似乎只要远离沙龙和客厅，西方社会的禁忌就能获得允许。但莫尼只有几年的光阴耽于享乐，1941年，他因心脏病去世。随着他离世，他的幻想也付诸东流。一年以后，他住在汉普郡担任海军指挥官的儿子把这座岛卖掉了。

自从莎士比亚在那里表演戏剧时，彭布罗克伯爵（Pembroke）的家

---

① 克里斯托弗·翁达杰（Christopher Ondaatje,1933—），斯里兰卡裔加拿大商人、慈善家、冒险家、作家、奥林匹克滑雪选手。他是《英国病人》的作者迈克尔·翁达杰的哥哥，也是翁达杰奖的捐资人。

族就拥有了维尔特郡索尔兹伯里（Salisbury）附近乡下的这座大宅。1949年的一天下午，伯爵的次子大卫·赫伯特（David Herbert）在家里向自己的朋友，美国作家保罗·鲍尔斯（Paul Bowles）展示了家庭相册。鲍尔斯翻相册时碰巧看到了塔普拉班岛的照片，那是赫伯特在三十年代游览锡兰时拍摄的。

鲍尔斯目不转睛地看着这张照片。他看见"像小拱顶形状的岛屿，一座样式古怪的房子坐落在岛屿最高处，沿着岛屿的两侧伸展开来，露台在巨树掩映下几乎消失不见"。鲍尔斯流连忘返于充满异域风情的地方，他的新近成名作《遮蔽的天空》（*The Sheltering Sky*）讲述了以摩洛哥为背景的梦魇般的故事。他和妻子简曾在摩洛哥待过，那里聚集着一群流亡的波西米亚人。但鲍尔斯是天生的隐士，他发现自己置身人群时犹如患上幽闭恐惧症，他试图逃脱，最后决定前往锡兰。十二月，他从安特卫普乘"瓦尔特将军号"货船离开。当船靠近这座岛时，他想起了卡夫卡："从前方某一点开始，就不再有退路了。因为你必须到达那里。"

鲍尔斯正在酝酿他计划要写的一本书，不过也可能是他要调整自己的精神状态。他终于见到了塔普拉班岛——他在那所豪华的英国家宅中瞥见的黑白照片让他梦想成真，这座岛甚至超出了他的预想，"那是从小就在我脑海中掠过的无数幻想和白日梦的化身"。两年后，鲍尔斯花五百美元买下了这座岛。这里之于他，就如同法恩内陆之于圣卡斯伯特，尽管这里更世俗、更物质化。

鲍尔斯享受着隐居生活。"女佣擦拭家具，在碗里面放满了兰花。园丁从大陆的乡村市场上带回东西。还有一个印度人，每天早晚两次清洗厕所，因为岛上没有自来水。"他说，"生活就像时钟一样有规律，一点也不复杂。"傍晚，鲍尔斯和爱人穆罕默德·坦姆沙曼尼（Mohammed

Temsamany）会穿着浴袍去水中嬉戏，佣人则头顶着束好的衣服随侍左右。他们还会穿着盛装去看"魔鬼舞蹈"，演员们的表演使鲍尔斯非常痴迷。在他眼中，演员的抽搐就像一种休克疗法。黑暗中，面具舞者被火炬的光照亮，"通过诱发恐怖来驱赶带来痛苦、精神错乱和霉运的恶魔，这样，他就能顺利驱走恶魔"。

晚上，他躺在床上，聆听波浪拍打悬崖的声音和波浪冲上沙滩更为轻柔的声音。那就是他能想到的最奢侈的享受。他不介意岩礁周围游来游去的鲨鱼，或者岩石上出没的巨大海龟。据园丁说，海龟偶尔升上水面，像是"漂浮的卵石"，从巨大的圆形龟甲可以看出海龟的年龄。夜色中，果蝠吊在树上，破晓时会被成群的乌鸦赶走。"一旦它们赶走果蝠，乌鸦会互相讨论一会儿，然后飞回主岛。而天黑以前蝙蝠是永远都不会返回的。"

鲍尔斯坐在伯爵的某张桌子前，叼着烟卷，泰然自若地敲着打字机，写下了小说《蜘蛛之家》（*The Spider's House*）。这部小说也以摩洛哥为背景，但小说名可能指的是他当时这处避难所。他的妻子简可没那么迷恋这座岛。她酗酒成瘾，并且特别讨厌果蝠——她觉得它们就像是一群长羽毛的恶魔——她迫不及待想要离开。也许她感觉到了，此地让人沉湎于过往不能自拔。锡兰的这座黑暗之岛可能就是万魔之窟。我的妹夫山姆从小在科伦坡附近长大，一天晚上，他曾看见花园的尽头有一道火光。他观望着，幻影向他逼近，形状好像被火焰吞噬的人头。

随着海洋性季风到来，加之外国人被课以重税，保罗·鲍尔斯也被赶走了。据作家理查德·希尔（Richard Hill）描述，鲍尔斯在当地不受欢迎，尤其是他有吸大麻的习惯。晚上，当地民众会朝着这座岛和这位不受欢迎的租客吹口哨、扔石头。他在塔普拉班岛待了仅仅两年之后，就将其卖掉并撤回摩洛哥港口城市丹吉尔（Tangier），正是在那里，我的请求得到了礼貌的回复，信件整洁地打印在卷烟纸一样薄的纸上，还有一封邀我参观的信函，但我一直都没去成。

我在塔普拉班岛上并没有看到任何妖魔鬼怪，尽管据我所知，可能有成百上千的妖魔鬼怪潜伏在茂盛的植被下面。在这间三十英尺高的圆顶莲花厅中，客人们走马灯似的来来去去，别墅的房间像时钟指针一样呈放射状伸展，其他生灵也各寻生计。莫尼那些雅致的家具仍旧靠墙摆放着。黑暗中，我围着岩石游泳，火炬的光亮映在浪花上。直到离开前，我们才意识到潮水已经涨了多么远。海水漫过了我的大腿，我涉水而行，扶着一名老妇人。她穿着一件完美无瑕的金色绣花纱丽，小心地走着，渡过打旋的深褐色海水时，看起来就像一只被水打湿的天堂鸟。转身回望，如果整座岛屿在我们身后消失，沉入印度洋，我也不会感到惊讶。

1964年，英国广播公司在纽约世界博览会上采访作家亚瑟·C.克拉克[①]，他操着很重的萨默塞特口音，谈到对未来的看法："对于未来，我们唯一能说的就是它绝对精彩万分。"他继而特别对千禧年做了一番预言，尽管他认为"千禧年可能都不会存在"——不是因为核战争或"新石器时代"，而是因为通信领域令人难以置信的变革。

克拉克预见到这样一个世界，"在这个世界中，人们可以彼此及时联系，无论我们身在何处……商人们可以在塔西提岛操控自己的生意，就像在伦敦一样，丝毫不受距离的限制"。那时，全球都会"缩成一个点，人们不必再通勤，而是彼此交流信息"，关于城市的现代观念将彻底改

---

① 亚瑟·C.克拉克（Arthur C. Clark，1917—2008），英国作家、发明家，尤其以撰写科幻小说闻名。他最知名的科幻小说作品是《2001太空漫游》。

变——但是，与此同时，克拉克担心整个世界都会变成一个巨大的郊区。

黑白电影中的那种先知预言——由于英国腔的画外音而略微减色——似乎成了现实，人们瞥见了未来世界的运转模型，在这个世界中，"曾经是热带雨林的地方将会如雨后春笋般冒出崭新的城市"，人们拥有超级高速公路，利用激光砍伐树木，在两极建立定居地，建造水下旅馆和水下汽车；一个无处不家园的世界，一个克拉克畏惧的巨大郊区。

那时，克拉克自己也已从现代世界中退了出来，前往锡兰生活，表面上是出于对深海潜水的热爱之情，不过吸引他的还有其他事物。对于大海的热忱启发了他，他预见到了一个更令人不安的景象："在未来世界中，我们人类不会是仅有的智慧生物。有一种即将到来的科技，我们将称其为生物工程——这个星球上那些为人所役使的有智慧的动物将进一步进化，尤其是类人猿和海洋中的海豚及鲸鱼。"人类自从石器时代就疏忽了对动物的驯化吗？克拉克认为这种说法完全是荒谬的。他说："利用动物心理学和遗传学的现有知识完全能解决役使动物的问题。"尽管他也预见到了动物工会，"我们很快会退回到出发点"。

很难看出阿诺玛到底有多大。他可能只有我一半大，也可能比我还大，他身上有着青春的活力。年幼时，他就训练自己要对自然世界敞开怀抱。他生于斯里兰卡西南部的港口城市加勒，对这里再熟悉不过了。他走在荷兰人所建壁垒的废墟之中，向我们指出一棵巨大的榕树，树根看起来比堡垒厚重的石墙还要坚固，气根蔓生进入墙壁裂缝中，缓慢地分崩瓦解着这堵墙。

我们从黑暗阴沉的通道中出来，这条通道修葺完备，把守着加勒古代管辖区的入口，可供大象从中穿过。上方耸立的博物馆如同悬崖峭壁。

博物馆的墙上凿出拱窗，这些窗户古老得惊人，和约柜的年代差不多。事实上，馆内漆黑的内室中曾有一具布氏鲸的骨架，它陈列在那里，直到大海将其收回。阿诺玛向我展示了那一天升高的水位——以英尺为单位标记，但其实水位每升高一英寸都代表着灾难来临。海水慢慢退却。鱼在池中拍打着尾巴。一片寂静。随即，大海发出咆哮，海面暴涨，一块板块滑向另一板块之下，地动山摇。海面之下，鲸鱼避开了水中巨大的声波；海面之上，无数生命将逢巨变。

2004年12月26日清晨，阿诺玛正坐在位于灯塔酒店的办公室里，看着海水上涨到一块叫"鲸头"的巨大岩石上。很快，这块岩石消失在汹涌澎湃的波浪中，海水淹没了这间奢华酒店的低楼层。阿诺玛的两名同事当时正在上班路上，被海啸直接冲走了。自行车、嘟嘟车、动物、汽车、房子、船只、舍利塔、人，这一切在自然灾害没有任何区别，领土也难以幸免。当震源深处传来那些可怕的震动时，没有任何人还会想到海岸边的居民。

最近的研究发现，在距离加利福尼亚州不远处发生的一次里氏5.5级地震之后，一头独行鳍鲸为了逃离两百分贝高的声源，竟在二十六分钟内游了十三千米。据说，在斯里兰卡，人们拉响海啸警报前，陆地上的动物早就已经逃离海岸。塔普拉班岛上，果蝠大白天自行离开了洞穴。后来，当新一波震荡威胁到同一海域时，海上的自然科学家并未意识到地震在即，他们感到疑惑不解：各种鲸类动物，从蓝鲸到飞旋海豚全部消失不见了。与此同时，酒店泳池内的水突然倾斜拍打着四壁，像一片微型海洋。

在回科伦坡的路上，海报和塑料旗帜宣示着竞选者的忠诚，柏油路面上喷刷着政党标志。晚间，在这座城市的郊外，年轻人在铁丝网栅栏后面示威游行。我的朋友对我说："人们害怕了。"突然间，外面似乎更黑了。这些纤瘦的年轻人在做什么呢？大家期待他们做什么呢？

茫茫大海上，鲸鱼身后留下了漆黑的深渊，它们知觉一切，带走一切。

第六章
南方之海

我们无法想象一个没有海洋的时代

或者一个不是漂满了废物的海洋

或者不负责任的未来

一个没有目的地的未来，像过去的岁月那样。

——T. S·艾略特《干燥的塞尔维吉斯》，

选自《四个四重奏》，1941年

1831年1月29日，因船"约翰一号"抵达范迪门斯地（Van Diemen's Land，即今塔斯马尼亚岛）。船上的两百名英国囚犯中有一名来自雷姆河畔纽卡斯尔市的二十九岁的木匠，人称"老惯犯"，他在两年前因盗窃家禽罪被判一个月监禁。1830年，他在特伦特河畔斯托克地区多次行窃，共偷得十九只母鸡和一只公鸡；其后在斯塔福郡巡回法院受审，判处流放七年。这名木匠名叫詹姆斯·宁德，是我的远房表亲。和其他叫这个名字的远亲一样，他远离英格兰去往他乡，但不同的是，他并没有选择的余地。

他判刑前生活如何我一概不知，只知道他出身名耀英国中部的宁德大家族，但他在英国和澳洲塔斯马尼亚岛作奸犯科，留下了永远抹不掉的恶名。判刑后，他先是同其他流放犯关在一起，然后带着镣铐被送到南边的朴次茅斯，关进"约克·利维坦号"平底囚船，这艘拿破仑时期的废船日渐腐朽，搁浅在泥滩中，似乎也在服刑受苦。船上棚屋一般的隔间密密麻麻，缠绕的长长绳索上挂着洗好的衣服，在微风中飘摇。狄更斯在《远大前程》中写到，马格维奇流放前就是从这样的破船中逃出来的。

　　囚犯一旦登船，就要关在最底层。夜里锁在自己的隔间里，白天去朴次茅斯海军造船厂做苦工。这种的环境下，各种恶行肆虐。不过根据报告，宁德在囚船上"表现良好"，在流放到南半球的囚船上，他很可能会轻松一点。

　　1830年10月9日，"约翰一号"从斯皮特黑德（Spithead）起航，船上除了罪犯，还载有第十七团的三十名官兵组成的分遣队，以及八个女人、九个孩子，航期共一百〇六天，最拥挤时五名囚犯同睡一张床。大多数人犯有盗窃罪，五人因犯强奸罪而被判终身监禁。有时候，考虑到流放的过程，对于宁德这样本应上绞刑架的囚犯，地方法官会从轻发落。但无论对无辜者还是囚犯而言，航行本身都是一场折磨。同船的外科医生在航海日志里写道：天气晴好时，囚犯能到甲板上来；患溃疡的囚犯可以拿下镣铐，喝青柠汁预防坏血病。但真相骇人听闻：囚犯被锁在一起，比奴隶好不到哪儿去。一旦天气恶劣，再加上甲板底下疫病肆虐时，航行无异于一场噩梦；先前"约翰一号"就有随船外科医生因"精神失常"投海自尽。

囚犯们在黑暗中经过了三个多月的航行，抵达范迪门斯地，他们走下船，在斜射的南方阳光下眨眨眼睛。同时，严厉的总督乔治·亚瑟（George Arthur）也到了，他坚信"控制囚犯重在监督"。他统治着这座岛，确切说是这座露天圆形监狱。激进的哲学家杰里米·边沁（Jeremy Bentham）认为，监狱是"磨坊，要把流氓研磨得诚实"，根据他的理论，监狱实行全景式监视。博特尼湾（Botany Bay）建成囚犯流放地后，范迪门斯地成为关押惯犯的最后地点。岛上的麦格理港（Macquarie's Harbour）号称"流放与惩罚的终极之地"，设在该岛最远一端的海湾处，惯犯们就被押到这里。这里的生存条件极为恶劣，囚犯宁可杀人，以求得在霍巴特（Hobart，澳大利亚塔斯马尼亚州首府）处以绞刑，也不愿受此折磨。其他人则彻底与世隔绝。来到世界尽头，陷入完全的寂静和彻底的黑暗中，一些人因此得了失心疯。

和亚瑟港一样，塔斯马尼亚声名狼藉的监狱中的恐怖场景都是留给惯犯的。相比之下，宁德在霍巴特的苦役就很好忍耐了。囚犯们被派去建造公共工程，或者作为契约劳工，尽管他们的情形只比奴隶强一点点，但许多人并未受虐待。宁德被约翰·蒙塔古（John Montagu）船长"借调"去做木匠，充抵刑期。像他这样的囚犯要服七年刑，但如果头四年表现良好，就能申请获得假释许可。

很不幸，我的表亲表现不好。1831年11月7日清晨，有人发现他在公共场合醉倒，他因此要受二十五鞭的惩罚，这足以让他的后背皮开肉绽了。万幸，刑罚延期了（可能因为蒙塔古船长兼任治安法官）。四年后，1835

年7月27日，又有人发现他行为不轨，他由此被正式记在"黑名单"上："当街小便，行为下流，有伤风化。"

1836年，为纪念英国女王诞辰，有一次假释机会，宁德却因上次的不检点行为无缘获得。但是，他还是没有从自己的愚蠢行为中吸取教训。1836年7月25日，他的第三次违规行为又上了黑名单："收工后在一间空屋里与一名女囚行为不检。"宁德的运气真是"好"得惊人，或者说他颇有些魅力。他因为那次约会被判监禁十四天，他的假释许可又被推迟发放了。

那名女囚来自柴郡，名叫萨拉·沃斯，年纪轻轻，一头棕发，满脸雀斑。1831年，她和妹妹玛丽因偷盗衣物被流放。1836年11月，宁德恢复自由，获准与萨拉结婚。他们住在霍巴特市瀑布街，后来有了一个孩子，取名艾伦。1852年，萨拉在霍巴特去世，而宁德活到九十岁，他搬到新南威尔士州科罗瓦市，并于1891年去世，他再也没有回到英格兰。

猎户座在高空中运行，但在这里，星座中的"佩剑"直指上方。这是一个美丽却又让人心神不安的地方。我从来没有来过这么靠南的地方。

极地的风掠过霍巴特这个边境小镇。亮橙色破冰船抵达港口，把科学家送了回来。这半年中，他们极目四望，只看到白茫茫一片，现在不管见到什么都眼花缭乱。

我目前在前捕鲸船长家中借住。我在黎明前走出房间，到了黑暗的街道上。街道尽头是一个环岛，沿路排列着低矮的村舍。如果不说这里是捕鲸人的家——用囚犯烧制的砖，由囚犯建造的房屋——人们也许会认为这里只是普通郊区住宅。太阳升起来了，空气是那么清新、纯净，远山似乎与我渐行渐近。空荡的街道似乎让时间倒流了。

我从城里的一处海湾下海游泳，避开鲸鱼出没的水域——那里曾有南露脊鲸，也有黑鲸，这些鲸类体型巨大笨重，长久以来，它们游到德文特河（Derwent River），在此交配并在海滩上生子。我曾经见过这些巨型动物，至少见过它们的北方远亲在科德角海滨翻滚着，玩得非常过瘾，丝毫察觉不到人类正暗中监视它们。成千的鲸类动物被人类轻易屠杀，也与它们这种专注于自我的性格有关。捕鲸业是新西兰、澳大利亚两国的商业基础，与此紧密相连的是，因为英国的道德禁令，这两个国家成为便利的垃圾场。

1804年，海军军官大卫·柯林斯（David Collins）接受了边沁"建立全景监狱"的狂热游说，被派遣到范迪门斯地建立新的流放地。他在霍巴特致信约瑟夫·班克斯，提到德文特河里遍布鲸鱼，鲸脂足以装满三四条船。那年晚些时候，冒险家乔根·约尔根森（Jorgen Jorgensen）作为英国捕鲸船"亚历山大号"的大副，声称自己是捕杀德文特河鲸鱼的第一人。

如果鲸鱼看到同类遭遇暴力死亡威胁，会给自己的兄弟姐妹发出预警，避开危险的地方，那么今后的捕鲸者几乎不可能心怀感恩地想到我。但情况恰恰相反。显而易见，一条鲸鱼死去，成千上万的鲸鱼纷至沓来，同样的命运一再上演，霍巴特镇由此兴盛起来。年复一年，城镇在鲸鱼的油腻残骸上迅速富裕起来。

河口鲸鱼遍布，给内河航运带来了危险，地方长官要时时提防鲸鱼的"强劲一击"，他们为此怨声载道，但抱怨很快就平息了。截至1841年，海湾周边有三十五家鲸鱼加工厂，但可捕杀的鲸鱼少之又少。霍巴特的捕鲸者转向深海捕鱼，捕杀范围包括抹香鲸。

但人们不是为了鲸鱼来到这里的，至少一开始不是这样。两百年前的1642年，荷兰东印度公司总督安东尼·范·迪门（Anthony van Diemen）派遣阿贝尔·扬松·塔斯曼（Abel Janszoon Tasman）绘制迄今仍简称为"海滩"地区的地图。塔斯曼竟然略过了整个澳洲，差一点和澳洲最大岛屿塔斯马尼亚岛失之交臂。他试着在一个后来称为"探险湾"（Adventure Bay）的地方登陆，但被暴风雨吹了回去。他成功把荷兰国旗插在了塔斯马尼亚岛北部湾的土地上，之后航行到了新西兰。

一百多年后，才有另一名欧洲人到达这里。1773年3月，托比亚斯·菲尔诺（Tobias Furneaux）驾驶"探险号"离开了詹姆斯·库克驾驶的姊妹船"奋进号"，在后来以"探险"命名的海湾避风。当时没人知道范迪门斯地其实是座岛，库克本人也是在其第三次，也是最后一次航行时才在那里登陆，并在树上刻下了自己的名字：库克，1777年1月26日。

探险湾位于霍巴特港正南的布鲁尼岛（Bruny Island），伸向塔斯曼海（Tasman Sea）。蓝绿色的波浪自太平洋涌来，拍打着海岸。一块露出地表的巨岩上长着两棵巨型蓝灰色桉树，自库克船长登陆时它们就生长在这里了。尽管这里已明显接受了文明的洗礼，但还是人迹罕至：那些发现之旅也许至今仍在继续，人们扬帆远航，抵达海岸。

在海湾尽头，我穿过一间不合时令的假日公园小船屋。作为一间小屋，这里很宽大，经过"布置"，饰有鲸肋骨和脊骨。经过园间小径，我来到另一棵枝叶茂密的桉树前。落叶植物的枝叶总能长成最便于采光的样子，而这棵桉树树干笔直，似乎采光已经很充分了。走出树荫，来到海滩上，一只白色小袋鼠跳了出来，用它那白化的眼睛瞪着我。岸边胡乱堆砌的岩石说明这里曾经是鲸鱼加工厂。海滩最远处是一块长有草皮的岩礁，这里就是企鹅岛。库克船长从这个岛离开，那也是他最后一次踏足澳洲的土地。

正是好奇和孤寂驱使人们环游世界。库克船长雇了约瑟夫·班克斯，更准确地说，是同意他以担保人身份加入探险队。这位出身显贵、家境富裕的年轻植物学家声明："每个笨蛋都要来一次大旅行[①]，我的旅行应该是环游世界。"这些航行也是乔治王朝时代文化和品位的延伸：在库克船长的第二次航行中，班克斯建议船队应带上肖像画家约翰·佐法尼（Johann Zoffany）同行，好像那是一次郊游。佐法尼因舞台风格式的"人物风俗画"而著名，尽管没去成太平洋，他还是为故事的尾声创造了一个英勇的新古典主义形象。他以希腊雕塑的风格描绘了库克在夏威夷海滩上的屠杀场景。不久后，巴黎制造商印制出"库克船长墙纸"，顾客可以贴在客厅墙壁上。

一千多年前，圣奥古斯丁对航行到世界另一端的可行性表示质疑——"有人可以乘船穿越整片宽阔的海洋，这种说法真是太荒谬了！"——或者有人甚至可能住在上帝未曾提及的地方，这种想法也是一样荒谬。现在，启蒙时代钟鼓齐鸣，宣示了这个颠倒的世界的存在。对库克和班克斯而言，他们遇到的奇怪新物种挑战了现存的身份和秩序。对那些追随者而言，他们做好了捕获这些新物种的准备。

塔斯曼半岛由巨大的侏罗纪岩礁构成，黑色玄武岩耸立，形成南半

---

① 十六、十七世纪，为学习外国语言，观察外国的文化、礼仪和社会，英国人纷纷涌向海外，前往欧洲大陆学习、游历。作为教育过程组成部分的海外旅行，或者说教育旅行，成为英国绅士约定俗成且受人欢迎的实践。到十七世纪后期和十八世纪，大旅行（Grand Tour）成为这一实践的巅峰。

球最高的海边悬崖。岩壁后的某处是亚瑟港和监狱的断壁颓垣。二十二岁的蒂姆是我们的船长，他穿着沙滩裤和靴子，让这艘九百马力的船来了个急刹车，比船长还年轻的大副本接手开船。

我们正仰头观察远古的岩层和地缝时，蒂姆兴奋地说道："棒极了！"一切都敞露着，线条锋锐，仿佛世界还在成形。海狗懒懒的躺在每块突出的岩石上，继而滑进海中，随波起伏。它们的学名叫南澳海狗，是"脑袋像小熊一样的小家伙"，人们第一次见到这种海狗时，把它画成一条小狗的样子，留下了长久的错误印象。事实上，它们是海狗中体型最大的，它们似乎对自己的地位很得意，总是鼻子朝天，骄傲自负。它们总是不停挑衅打架，目光如炬，龇牙咧嘴。我曾愚蠢至极地靠近其中一头，很快发现它们即使不在水里依然动作敏捷。面对这种情况，我的户外指南说：我应和它们保持眼神交流，然后慢慢向后撤退，因为它们视直立人类为威胁。

也许它们记忆力很好。受到塔斯曼和库克的激励，猎人来到这里，为西方供应皮草。在寒冷的冬日午后，那些优雅漂亮的男女走在皮卡迪利或菩提树下大街①上，脖子上裹着温暖柔滑的动物毛皮，他们怎能知道猎物的绝望呢？他们怎能知道那些从猎物身上活剥毛皮的人，本性是什么样的？这些人目无法纪，不少人是逃犯，他们绑架女性原住民并把她们监禁在袋鼠岛等地当作性奴。

1798年，澳洲开始捕猎海狗。三十年间，新西兰海狗、澳洲海狮、南部象海豹在捕猎暴行下几近灭绝，七十五万头动物死亡，许多被活剥皮毛，只有澳洲海狗留在了塔斯马尼亚。我们绕着塔斯马尼亚的海边悬崖航行，一块接一块突起的岩石上挤满了这些不安分的家伙，它们肚皮挨肚皮地躺着，争相寻找最舒服的位置。蒂姆掌舵驶向长满藤壶的断裂海岸，我凝视着船下清澈的海水，船与岩石间的缝隙一张一合，大株大株摇曳的棕色海藻高达二十米，它们构成了海狗的游乐场。它们出奇灵巧的下肢勾在海藻上，来回玩耍。我们做梦一般地穿过厚厚的水藻，好像穿越凝胶状的森林。

一只信天翁从高空飞过，这是我第一次见到这种鸟。没有哪种鸟比信天翁更适合在大海上翱翔。"威严如帝王，羽翼洁无瑕。鸟喙弯如钩，庄若罗马令。"——正如梅尔维尔首次见到信天翁时所写的那样——"扑扇着天使长般的翅膀，好像要拥抱圣约柜。"像许多读过《古舟子咏》的读者一样，梅尔维尔也因柯勒律治的诗而注目于信天翁的浪漫。但作为诗人（自称"埋首图书馆，像鸬鹚一样贪婪"），他也借鉴了乔治·夏洛文克（George Shelvock）1726年出版的《从伟大南海之路出发的环球航行》（*A Voyage Round the World by Way of the Great South Sea*）一书中的故事。

大多数海员视信天翁为吉兆。漂泊信天翁在成熟之后会变得通体雪

---

① 分别为伦敦和柏林最著名、最繁华的大街。

白，与灰海豚或白鲸不同，它是一只神出鬼没的灵鸟，带着已故水手的魂魄或令水手伊希梅尔胆寒的洁白。乔治·夏洛文克的副手西蒙·哈特利（Simon Hatley）则认为，看见黑色信天翁是一个凶兆，"他心怀愁绪地观察到，这只鸟总在我们周围盘旋，想象一下，从它的颜色看，这可是不祥之兆"。就像哈特利祈祷的那样：

　　　古代的水手们啊，愿上帝拯救你！
　　　来自魔鬼的瘟疫折磨着你！——
　　　为何你面容若此？——我张开十字弓
　　　射向信天翁。

　　他的指挥官惊愕地看着他，呆若木鸡。"我猜想，诱使他越发迷信的正是那不止息的狂风，这风从我们进入这片海域以来就一直折磨我们……（他）射向信天翁，并不怀疑（可能）我们此后就会顺风顺水。"

　　可怕的是，信天翁如今也属于最濒危的海鸟之一。它们可以在海上翱翔十年之久，从不着陆，在风中休憩睡眠；和鲸鱼一样，它们能够在打盹的时候保持半脑继续工作——这就叫作"慢波睡眠"[1]。和其他鹱科动物一样，它们对气味非常敏感。也许对人类来说，所有海洋都一个样，但对信天翁来说，海洋是一个层次丰富、范围广大的气味网络。它们可以从数千米外闻到海藻的气味；因为海藻暗示着不可见的上升流和海底山脉，不仅能引领它们觅食，还可以为它们导航，在以气味为标志的海图中给自己定位。

　　它们借着上升气流，展开优美而狭窄的翅膀御风飞行，自由自在，

---

　　① 即深睡期，该阶段睡眠有利于促进生长和恢复体力。

但是在人类改造的世界中仍然不堪一击。被渔线绊住，或被网挂住，如今这些意外带来的死亡阴影常随信天翁身后。在太平洋环流的作用下，海里的垃圾聚集成人造岛，信天翁父母以为那些小片塑料制品是美味的乌贼肉，把塑料喂给雏鸟吃。它们肚子里装满了塑料瓶、旧打火机和卫生棉条导管，雏鸟最后只能饿死，留下一堆填满塑料的骨架，宛若现代的死亡象征。

信天翁飞出我们的视线，我们转而注目疯狂进食的短尾海鸥，这种鸟的肉膏腴美味，当地人非常赞赏，称其为"羊肉鸟"。鸥群如云，大声鸣叫着，在海面上振翅飞翔。教士约翰·韦斯特（John West）在1850年出版的《塔斯马尼亚岛史》（*History of Tasmania*）中描述了巨大的鸟群，正如马修·弗林德斯（Matthew Flinders）1802年首次绘制这片海图时看见的一样。"弗林德斯船长……说过，他在范迪门斯地西北角曾见过一次巨大的海燕群……长五十至八十码，宽不止三百码，首尾相连一刻不停地飞过，持续了足有一个半小时，速度一点不亚于敏捷的鸽子。据他最保守的估计，当时鸟群的数量不少于一亿只。"

鸟群发出喇叭般的低鸣，紧接着传来一阵呼啸，这是一种我非常熟悉的声音：座头鲸正带着幼崽游过的声音。春季大迁徙队伍正前往捕食区，而它们掉队了——尽管雌鲸饥肠辘辘，瘦得脊椎都突出来了，它还是尽其所能喂哺幼崽。它好像是一头南露脊鲸，这种鲸鱼几百年来都沿这条路线迁徙。在原住民看来，大海只是梦境的延伸，他们像鲸群一样没有家园，因此能深刻感受到自己与外界环境、与四万年文明的紧密联系。他们会"召唤"鲸鱼，鲸鱼就此赴死，从而失去了本应享受的养育即将出生的幼崽，或把幼崽带在身边的快乐。原住民还认为，鲸鱼搁浅时，就是以这样一种"出于礼节，履行承诺"的方式把自己献给了人类。

　　我在科德角之外观鲸的十年间，见到了许多座头鲸母子。而这一对与其他鲸鱼略有不同。也许是它们的猎食方式不太一样，它们用身体侧翼捕鱼，而不是用一串气泡驱逐猎物。也许是雌鲸的侥幸之处，它比北半球海域的同伴们白很多。苍白的雌鲸和黑色岩石形成的颜色反差极其鲜明、难以捉摸，如同我在霍巴特博物馆见到的当地原住民的严肃画像，两者似乎都超然物外，不应为我所见。我得以窥见这些，是一种赐福，一种恩惠。

探险湾以北，连接南北布鲁尼岛的狭窄处，延伸出一片沙滩。夜里，蓝企鹅蹒跚而行，喂养幼崽，在开阔的沙滩与它们沙丘中的洞穴间奔忙。这片狭长地带的高处伫立着一块石碑，上面的青铜浮雕刻着女人的面庞，除了她的名字和生卒时间——"楚格尼尼（1812—1876）"，再无其他说明。

　　楚格尼尼（Truganini）是卢纳瓦纳-阿洛纳（Lunawanna-alonnah）一族的领袖曼加纳（Mangana）之女，他们是布鲁尼岛上的望族。他们的祖先在此居住了三万年。十七岁时，楚格尼尼目睹自己的母亲被捕鲸船上的一个男人刺死。不久后，捕鲸者又诱拐了她的两个妹妹，把她们带到了袋鼠岛为奴。她的兄弟被杀死，继母也被逃犯拐走了。之后，她和未婚夫被伐木工人绑架并带往大陆。未婚夫在横渡海峡时被扔下了船，当他试图爬回船上时，捕鲸者砍断了他的双手，他溺死了。楚格尼尼被多次强奸。她的父亲曼加纳受了这些刺激，不久就去世了。

　　对于楚格尼尼所经历的暴行，约翰·韦斯特教士不忍重述。"如果一部作品记录了哪怕是十分之一像这样的滥杀无辜的罪行，读者仅仅读着就会毛骨悚然。"他附上单独的注释，以免过分刺激到敏感的读者：

　　　　举一个例子或许就够了：一名可敬的年轻绅士在捕猎袋鼠，他跳过一棵枯木，看到一个黑人原住民蹲伏在大石头后面，好像是有意把自己藏起来。猎人观察着这个人的眼白，打量着这个人，发现他只是一个原住民而已。然后猎人把枪口对准原住民的胸部，原住民中枪倒地。类似这样的案例，成百上千，数不胜数。

　　然而，有一个白人，心里还惦记着当地人的死活。1829年3月30日，正当殖民者和当地人之间爆发黑色战争①，打得不可开交时，乔治·罗宾逊登陆布鲁尼岛，创建了殖民地。

乔治·奥古斯都·罗宾逊（George Augustus Robinson），1791年生于林肯郡（Lincolnshire），1822年移居澳洲。他在范迪门斯地开了一家建筑公司，业绩斐然。作为一个有信仰的人，他热衷于行善，他的社会地位随之上升。但即便他的朋友们也觉得他自负、虚荣，"与其说是彬彬有礼，不如说是屈尊俯就；与其说是客气，不如说是让人不舒服的客套"。当时，殖民者对原住民部落的残忍暴行——侵占他们的猎场，绑架孩子，杀害成人——到了要将其赶尽杀绝的地步，至少是把这些"多余"的人从殖民者需要的领地上除掉。但是，作为一名基督徒，罗宾逊相信安抚是可行的，他受乔治·亚瑟任命，创建了一个由被赎回的原住民组成的示范村，他承认，这些原住民"地位卑微"，但有着"亲切友好的性情，如同阳光穿透黑暗的笼罩"。

为完成他的任务，罗宾逊数次深入塔斯马尼亚西部探险，此地甚至到现在还是一片荒凉。他带着包括楚格尼尼在内的原住民同行，有谣传说他们俩有肉体关系。罗宾逊曾试图说服这些偏远地区的居民移至远离塔斯马尼亚北岸的天鹅岛、炮架岛和弗林德斯岛避难所。就是在执行这个所谓"友好使命"期间，罗宾逊受到来自亚瑟河岸的攻击，楚格尼尼救了他一命。罗宾逊"原住民守护者"的自诩和儿戏般的职责也随之瓦解。这个故事在霍巴特口口相传，楚格尼尼作为一个面目尚可接受的野蛮人，进入了公众的视线。

---

① 约1804年至1830年间，由于欧洲移民强占塔斯马尼亚岛土地并大量捕杀袋鼠，威胁到原住民的生存，有些欧洲人更是绑架、强奸、杀害原住民，原住民开始袭击落单或小量的欧洲人，以英国人为主的欧洲移民和士兵与原住民之间爆发冲突，史称"黑色战争"。

托马斯·波克（Thomas Bock）是她的肖像画家之一。波克是被流放至此的（罪名是给英格兰一名少妇提供毒品）。作为塔斯马尼亚的著名艺术家，他接受新任总督的夫人简·富兰克林（Jane Franklin）的指派，为当地人作画。他的作品尖锐而深刻，真实表现了原住民在受殖民影响前的生活。在他1837年创作的水彩画中，楚格尼尼还是个二十多岁的年轻姑娘，刚理过发，穿着严正的部落长裙；在画作《澳新前夜》（*Antipodean Eve*）中，她的胸部裹着麻布衣裳。本杰明·杜特罗（Benjamin Duterreau）生于伦敦，父母为法国人，于1832年来到范迪门斯地，他在油画中描绘了一个美若天仙的楚格尼尼，隐隐的蓝色、绿色和棕色衬托着黄昏的天空，画中的楚格尼尼不似凡人，仿佛要消失在暮色中。那只是一个故作真实的形象。把貂皮换成袋鼠皮，珍珠的项链换成贝壳项链，她就成了一个神秘、尊贵的人，好似这奇异岛屿上的伊丽莎白女王。

画家是在画他的爱人吗？她可能十四岁，也可能四十岁，是本土的蒙娜丽莎。杜特罗在写生簿里写下了楚格尼尼援救罗宾逊的故事，文体有点像首诗——如果说不是电报的话：

楚格尼尼/塔斯马尼亚南部的当地人，乌尔迪之妻/1829年受命/提供最基本服务/助力数次远征并且帮了很大的忙/游泳把罗宾逊先生推上岸/当时罗宾逊先生拽着木矛/正尽力躲开某些当地人而跨越亚瑟河/那些人早已计划好要暗杀他/但又都不会游泳/楚格尼尼救了他一命。

　　这位画家试图创作一幅现实主义肖像，但只成功地描绘了梦境。在明亮柔和的柔焦背景中，楚格尼尼的形象几乎是一种象征，塔斯马尼亚的原住民日渐减少，而杜特罗却描绘出枝叶繁茂、安宁祥和的假象。他最负盛名的，更大画幅的作品似乎尚未完成。作品《抚慰》（*The Conciliation*）是一幅颇具话题性的画作，具有英式卓梵尼风格，他称其为"代表国家的画作"。画作中，乔治·罗宾逊身穿白色帆布裤和深蓝色常礼服，头戴有檐软帽，与原住民优雅的裸体形象形成对比，罗宾逊与这些人并不平等，他摇着手指，好像在演说或告诫些什么。他看上去那么不合时宜，穿着惹眼，而画中原住民的缠腰布则十分朴素。真实的情况是，他们会在裸体上涂满赭石粉末和动物脂肪作为保护，头上则是变干的泥浆。他们身边跟着白人带来的狗，利用狗来猎杀袋鼠；一条猎狗嗅到了灰色小袋鼠，发出了挑衅的吠声。

当我站在霍巴特博物馆的镶木地板上，注视着这幅画作时，周围十分安静，这幅画似乎超越了历史。它当时意味着什么？此刻又意味着什么？画面的布局壁垒分明，一线之隔，判若两重世界：居于中心的白人凌驾于其他黑人之上。长矛将画面一分为二，表现出现代性的张力。画面中间，罗宾逊旁边的楚格尼尼如同他黑色的镜像，她指着自己的保护者和爱人，以及她的族人的未来。

但一切为时已晚。罗宾逊管理的岛上庇护所没比罪犯流放地好到哪儿去。他的愿景与现实相悖。1803年，殖民者登陆塔斯马尼亚时，岛上有四千个原住民；1835年，罗宾逊接管弗林德斯岛时，岛上只剩下不到一百五十个原住民。

由于处于不人道的监禁中，很多原住民都患病死亡。即便是他们被迫穿上的衣服，也在一定程度上阻止了他们逃出生天，在雨中干活时淋湿了衣服，他们就容易感冒，这就像美洲原住民接触了殖民者的布料，就被传染上疾病一样。"在野蛮人的世界里，毯子杀死的人要比刀剑多。"韦斯特教士曾这样说过。一些人甚至选择放血来缓解疼痛，血液流过他们的面庞，这是他们对自己无可奈何的悲惨命运做出的唯一反抗。还有一些人完全放弃了活下去的希望。"塔斯马尼亚还在视野之内，海滩并不远，却禁止进入，他们经常愁眉不展。"韦斯特写道；他声称拘禁在弗林德斯岛上的人多半死于"思乡病"，这种病在某些欧洲人，特别是瑞士士兵中很普遍。许多人绝食而死，被撇下的另一半即便健康，也会很快患病，迅速憔悴下去。

（白人殖民者也没能免遭这种莫测的折磨。1826年，我另一个远房表亲艾萨克·斯科特·宁德来到范迪门斯地。他是多塞特郡第三十九团见习外科医生，被派驻到西澳乔治王湾的偏远殖民地。他对当地部落着了迷，其后为英国皇家地理学会写了一篇关于当地文化的报道。与他一起的还有五十个人，其中二十四人是罪犯。在荒原中度过了五年与世隔绝的生活后，艾萨克慢慢疯了。他告诉中士自己宁愿见到人的后背也不想见到人脸。有一天，他抓着指挥官的手，流着泪告解了自己过去的全部罪行，然后在军营里不断重复。与此同时，另一个人每到周日就爬到附近的山上向上帝祷告，祈求救赎。不久后，艾萨克被送回英格兰的家中，他一直遭受着精神失常的折磨。）

对于自己面对的环境，他们不解的、忽略的和摧毁的环境，殖民者既不知道该怎么描述，也不清楚来龙去脉。原住民明白这些情况，但出于绝望而宁可一死。在萨里的慈善商店里，我发现了一本二十世纪五十年代出版的詹姆斯·弗雷泽的《金枝》（*The Golden Bough*）。其中有关交感巫术的那几页描述了原住民模仿鹦鹉和儒艮的场景，我发现中间夹着一张泛黄的剪报，从字体判断是出自同时代的《泰晤士报》，报头注明是4月16日发自达尔文。"据传一名十九岁的原住民中了部落女巫'唱到死'的咒语，自周二获准送医以来，已采取二十五分钟的人工呼吸，患者首次要求吃饭喝水。"据报道，"他无法自主呼吸，水米不进，医生并未发现其身体有任何异常。"

楚格尼尼的同辈人或许是迫于无奈地受难而死，但她不是。她选择进入白人的世界，或至少与之共事。黑色战争期间，政府悬赏，每活捉一个成年原住民就能获得五英镑奖金（原住民儿童则是两英镑奖金），楚格尼尼移居澳洲大陆，加入了一支叛军，队伍由原先墨尔本市郊的捕鲸者组成，之后殖民者和原住民发生交战，对抗越发激烈。

在一场臭名昭著的突袭中，两名白人捕鲸者被杀，其他殖民者遭遇枪击。在其后的追击中，楚格尼尼头部中弹，虽得以幸存，但她被送上法庭，差一点就成为澳洲第一个被送上绞刑架的女原住民。她先是被送回弗林德斯岛，然后和一些幸存者移至霍巴特以南的牡蛎湾。新的画像描绘出他们屈从于征服者，穿上了廉价服装的形象。

　　1876年，楚格尼尼在霍巴特死于麻痹症。死前她向一位英国国教的牧师告解，说害怕自己的尸身会遭玷辱。考虑到她第二任丈夫威廉·兰内（William Lanne）的命运，她有充分的理由感到顾虑。兰内是有名的捕鲸能手，绰号"比利国王"，1896年逝世。之后，他的尸身沦为一场不体面的争夺的战利品，一方是由约翰·亨特继承者管理的皇家医学院，另一方是塔斯马尼亚皇家协会，两个机构的科学家们都急于建立起自己的标本库。历史学家海伦·麦克唐纳（Helen MacDonald）就此讲述了一个精彩的故事，她指出，这种盗墓现象在澳新两地是有先例的。

1856年，英国外科医生、收藏家约瑟夫·巴纳德·戴维斯（Joseph Barnard Davis）教导画家托马斯之子阿弗雷德·波克（Alfred Bock）如何抢救原住民的尸体标本，使其符合西方人对异族的喜好。为掩盖这种既不合法，也肯定不道德的掠夺行为，波克找到了一个黑人、一个白人两具准备下葬的尸体。由于波克的客户一般只想要头盖骨，他就把黑人头盖骨上的皮肤剥下来，覆以白人的皮肤。他会给替换了皮肤的黑人尸体穿上衣物，这样就可以蒙混过关了。这种令人发指的骗术，或许是对思念逝者的亲友们的莫大侮辱：他们去逝者的坟墓凭吊，而坟墓中白人的骸骨上覆着黑人的皮肤。

八年后，又有一个英国人想要得到更多的骸骨。在理查德·欧文之后，威廉·弗洛尔（William Flower）继任成为亨特博物馆馆长，他希望能得到一头抹香鲸做藏品。他致信在塔斯马尼亚担任外科医生，同时还拥有五艘捕鲸船的威廉·罗德维克·克罗塞（William Lodewyk Crowther）。1864年，克罗塞在岛南岸捕获一头身长五十一英尺的公抹香鲸，并如约送出一具骨架，还附送了塔斯马尼亚海域捕获的最大抹香鲸的下颚，下颚长十六英尺，那头鲸身长估计超过七十英尺。

然而弗洛尔还想得到另一样藏品。他在信末尾附言写道："我想以后再也没有机会能得到一个原住民的骨头了吧，或是一对，一男一女？"有线索表示有黑市提供这种藏品的交易。克罗塞回复道，这样的藏品只有五具了，即楚格尼尼和她牡蛎湾的朋友们，他保证会尽力而为。在之前一个世纪，约翰·亨特致力于寻获爱尔兰巨人的标本，弗洛尔怪诞的收藏癖可谓一脉相承。

兰内过世当晚，克罗塞父子到殖民医院停尸房窃尸。他们用约瑟夫·戴维斯指示的方法，取走兰内的头盖骨，代以一个白人的头盖骨。兰内现在看起来像不像一个"白黑人"或"黑白人"？无所谓，反正他再也不是兰内了。作为伦敦同行们的竞争者，驻院医师、塔斯马尼亚皇家学会会员乔治·斯特克尔（George Stokell）发现了克罗塞父子的所作所为后，按指示砍掉了兰内的手脚，以防克罗塞回头再取走其余的骸骨。

"比利国王"——或者说他的残骸——被捕鲸伙伴们运回他的坟墓。这些伙伴中有一个夏威夷人、一个南澳原住民，和一个非裔美国人。他的棺木上盖着一张黑负鼠皮毯，"一百个市民参加送葬"，据《泰晤士报》称，兰内曾是"这一族的最后一人，而半个世纪之前这一族曾有七千人……"但就在那晚，兰内的尸体遭受了第三次侵扰。下葬仅数小时后，他的棺木就被挖了出来，余骸都被塔斯马尼亚的科学家们收走了。他的骸骨就像圣奥斯瓦尔德那样被瓜分，这不是出于信仰，而是出于科学的原因。随着这种怪异的阴谋大白于天下，关于克罗塞的漫画问世，画中的克罗塞被描绘为一个盗墓者，周围是绳索吊起的棺木和维多利亚风格哑剧中蝙蝠翼大张的恶魔。据传，克罗塞在霍巴特把兰内的头盖骨放在桌上当镇纸，头盖骨的下落不得而知。

从这些骇人听闻的事件看，我们完全能够理解楚格尼尼的恐惧。她临去世前不久，要求死后火化，骨灰撒在布鲁尼岛与塔斯马尼亚间的当特尔卡斯托海峡（D'Entrecasteaux Channel）；她希望像爱尔兰的巨人查尔斯·伯恩一样湮没于海底。但死后她却被葬于霍巴特郊外，举行了奇怪的遗体告别仪式：她身上盖着粗糙的红毯子，被放进了乞丐的黑皮鞋颜色的棺木里。她的朋友，律师约翰·伍德科克·格拉夫（John Woodcock Graves）说他从未见过如此"平和静美"的遗体。他提议制作一个楚格尼尼的面部石膏模型，并质询政府为何没有为这样一个名人的葬仪提供津贴。相应地，"楚格尼尼女王"的葬礼对公众开放，但这是在伦敦皇家学会取走她的皮肤和头发样本之后了。

两年后，塔斯马尼亚皇家学会声称：他们搞错了，学会没有女性原住民尸体标本。经批准，在保证不展出骸骨的前提下，他们挖出楚格尼尼坟墓里的遗骸。1904年，学会把她的遗骸拼好，作为"她族里的最后一人"在霍巴特博物馆的玻璃棺中展览，在此之前，她的遗骸一直保存在盒子里。直到1947年，博物馆馆长总算懂得一点体面，楚格尼尼的遗骸不再公开展览。1976年，在她去世一百年后，楚格尼尼的遗愿得以实现：她的遗骸被火化，骨灰撒在布鲁尼岛上。她一生的故事寂灭之迅疾，与对她回忆的歪曲得以修正之缓慢恰成对比。2002年，有人发现，牛津的皇家外科学会还保留着她的头发和皮肤样本。他们将其归还塔斯马尼亚。楚格尼尼最终超脱了。玻璃棺中她的遗骸已经不见了，甚至连照片都没有，我也无法重现。

1805年4月21日，《悉尼公报》（*Sydney Gazette*）刊登了范迪门斯地副总督威廉·帕特森（William Paterson）的来信。信件描绘了一种"绝对新奇和特别"的动物，它已经被达尔林普尔港（Port Dalrymple）的猎狗杀死。心情激动的编辑告诉读者："这肯定和迄今为止所有已知动物都不同，绝对是仅存于纽荷兰（New Holland）及其邻近岛屿的一种强壮、贪婪的食肉动物。"

帕特森的兴趣所在，既有科学考量，又有军事考量。作为约瑟夫·班克斯的另一门徒，他在1780年旅居南非后写下了《四访霍屯督和加弗拉亚之游记》（*Narrative of Four Journeys into the Country of the Hottentots and Caffraia*）。他发自范迪门斯地的一份学术论文式的报告，宣告了袋狼的命运。正如岛上的居民、海豹和鲸鱼一样，一旦公之于世，袋狼就会在短时间内灭绝。一切发生得都是那样迅速。

由于栖息地过于干燥，以及和澳洲野狗的竞争，袋狼在澳洲大陆灭绝了，不过它们在塔斯马尼亚仍然幸存了数千年。在气候温和、没有天敌，堪称昔日澳洲雪泥鸿爪的塔斯马尼亚，袋狼与世隔绝，被环绕的海洋庇护着——直到现在。

帕特森宣称："很明显，袋狼极富破坏力。"他有证据证明："解剖发现，袋狼胃里有重约五磅的袋鼠肉，整条袋狼重约四十五磅。从内部结构看，袋狼消化进程既野蛮又迅速。"这种动物从里到外都是邪恶的，每个部分都被测量并列出明细：首先是眼睛，"又大又黑，直径一点二五英寸"；然后是尾巴，"长一英尺八英寸"。如果没有这些精确数据，帕特森的所作所为就一文不值。他数出袋狼脸部两侧各有十九根鬃毛，通体遍布柔滑的短毛，"淡灰色的毛，黑色的条纹；颈上的毛特别长……耳朵上的毛呈浅棕色，耳朵里的毛更长些"。如果他认为这就是某种令人难以置信的野兽，比岛上或跳或爬、或飞或游的其他动物更荒唐，尽管上述细节是可以确定的，人们也能谅解这位安住在霍巴特或杰克逊港的囚犯所建的房子里的《悉尼公报》的读者。"这种动物的体型像鬣狗，看起来与低矮的狼狗也很相像，它的嘴唇藏不住它的獠牙。"

如此的罪孽！维多利亚时期的囚犯被自己的相片出卖，袋狼则被自己的特征出卖了。它的外形很有特点：嘴唇盖不住牙，身形像矮小的狼，看起来很狡猾。这样奇怪的外表本已够判死刑了，可人们怀疑它还有多种攻击行为，它只能自求多福了。

1808年，范迪门斯地测绘局副局长乔治·普利多·哈里斯（George Prideaux Harris）给约瑟夫·班克斯送去了另一种动物的素描，这头动物是被袋鼠肉诱入陷阱的。他说这头大型猫科动物"和狼或鬣狗相似"，眼睛"又大又圆，黑色，长有瞬膜，外表野蛮凶残"。由于危险级别或科学家兴趣使然，袋狼成为其所属物种的新成员。乔治·居维叶在其1827年版百科全书《动物王国》（*The Animal Kingdom*）中绘制出"有斑纹或脸部似狗的袋猫属"动物形象，并就此推论，"它尾巴细长，应该会游泳，目前已知它栖息在范迪门斯地海岸岩礁上，以鲜鱼、昆虫为食"。在居维叶的文本中，袋狼与进化早期阶段的哺乳动物相似，后者入水后成为彻底的海生动物，即鲸鱼的祖先，而袋狼以鲸鱼后代为食，"它们也很愿意寻获海岸上快腐败的海豹和鲸类为食"。约瑟夫·米利根（Joseph Milligan）在1853年写道："原住民称袋狼是游泳健将，它游泳时伸出尾巴，像狗惯常的那样摆动。"他认为这种行为符合达尔文学说。

细节慢慢积累，一种复合了多种生物特征的形象逐渐清晰起来。袋狼属，头型如狗，有袋，仅有两种有袋动物是雄性和雌性均有袋的，袋狼是其中之一，另一种是水负鼠，雄性袋狼的袋包覆着生殖器，在灌木丛中奔跑时可以起到保护作用（真是一种完美的进化，其他雄性动物会嫉妒它的）。袋狼能像袋鼠一样后腿直立，在捕猎时全速奔跑。它的瞳孔呈椭圆形，夜视能力极好；打哈欠时，嘴巴可以张大至一百二十度角。但人们后来发现，它的下颚无力，打哈欠的动作——通常伴以尾巴竖直的动作，并放出一种特殊的强烈气味——不是表示困倦，而是代表它受到威胁并准备进攻。

袋狼可怖的名声深入人心，殖民者坚信袋狼极其危险。早在1850年，约翰·韦斯特就坚持不懈地捍卫袋狼的清白：袋狼的确捕杀绵羊，但它一次只杀一只羊，不像野狗或鬣狗那样，"一晚上就祸害好多只羊"。不过，这位教士不得不承认，自己的辩护是无效的。绵羊主人们的悬赏意味着很可能"袋狼没几年就会灭绝，动物学家会高度关注；现在即使在岛上最人迹罕至的荒野，袋狼也已濒危"。1850年，一对袋狼被送到伦敦动物学会，这是第一次有活的袋狼抵达欧洲。即便对很多塔斯马尼亚人而言，这种动物也相当稀奇。袋狼太稀有了，我那被押运至此的远房表亲詹姆斯以前都未必见过，至少没在野外见过。

当有些袋狼身陷异国的囚笼时，人们还悬赏野生袋狼的头颅和皮毛。奖金为一条雄性袋狼五先令，一条雌性袋狼（无论是否怀胎）七先令。从1878年到1909年，四千多条袋狼被捕杀，有些被制成背心和毯子，人们把这些战利品裹在身上，或踩在脚下。由于栖息地减少、犬瘟热等疾病蔓延、家狗捕杀等原因，袋狼数量进一步锐减。1910年，袋狼的数量已非常稀少；最后一条确定死于野外的袋狼是被农场主威尔弗雷德·巴蒂（Wilfred Batty）于1930年枪杀的。在照片中，袋狼的尸体挂在栅栏上，即使死后依然充满力量。农场主的牧羊犬嘴边带着白沫，恐惧地后退着。1933年，人们在弗洛伦峡谷（Florentine Valley）捕获了最后一条袋狼。此后一切关于袋狼的消息都只是道听途说，不过大卫·弗莱（David Fleay）博士1946年在塔斯马尼亚内陆探险中差一点就捕到一条袋狼。在科学意义上，那次就是人类最后一次看见袋狼了。

　　在霍巴特博物馆，陈列杜特罗的塔斯马尼亚原住民画像的画廊旁，一段电影循环播放着，那是伦敦动物园于1926年1月购买的一条母袋狼的电影。1931年8月9日，就在这段电影拍摄完不久，那条袋狼就死了。电影中有一个霍巴特动物园的镜头，那条在弗洛伦峡谷捕获的袋狼是由这家动物园购买的。当时，塔斯马尼亚和多数西方国家一样，饱受经济萧条之苦，这倒霉的动物因此成为人类环境的双重受害者。二十世纪三十年代中期，博马里斯动物园（意为"美丽的沼泽"）日渐衰落，水泥笼舍中的动物——包括北极熊、大象等——被人们忽视了。

澳大利亚天主教大学心理学博士罗伯特·帕德（Robert Paddle）写道，如同地中海中搁浅的抹香鲸的遭遇一样，每个因素似乎都把这最后的囚徒推向死亡。一棵落叶树笼罩着袋狼的窝，树叶快落光了。"回窝的路被遮住了，白天酷热，晚上奇冷，袋狼回不了家，无处藏身。1936年9月7日夜里，最后一只失去庇护、无家可归的袋狼呜咽着死去了。"那是个悲哀的场面，仿佛一幅维多利亚时期的油画：光秃秃的树木，冰冷的夜晚，被遗忘的袋狼把脑袋搁在交叉的爪上。就像原住民一样，它日渐消瘦，思念故土；它被人捕获，又被人抛弃。一年后，动物园关门了，那个地方后来成了澳大利亚海军的燃料厂。

不过，二十一世纪的技术能让袋狼重现。拍摄于霍巴特和伦敦的电影令人印象深刻，我们可以由此窥见这最近灭绝的动物。电影中的动物如同跃动的幽灵，上下踱步，循环往复，那当然是真实的身体而非鬼魂。在耀眼的阳光下，霍巴特的动物标本纤毫毕现。它是活生生的喀迈拉神[①]，长着美洲狮的头，鲸一样的窄下巴，打着哈欠，好像在表现自己处于众目睽睽之下的烦恼。它的后腿、臀部，以及袋鼠一样的尾巴上，都长着狐猴一样的条纹，尾巴根部很粗，往下逐渐变细，末梢像鞭子。我曾经掂量过正在吃草的小袋鼠的尾巴，我猜袋狼尾巴的重量应该和小袋鼠差不多。

---

① 古希腊神话中狮头羊身蛇尾的喷火怪。

1909年，距帕特森首次描述袋狼一百年后，有人在博马里斯拍摄了一批袋狼族群的照片，袋狼似乎被摄像头吓到了。照片中的袋狼很活泼，说明它们基本被人类驯化了；我想象得出一条蜷缩依偎在我脚旁的袋狼，这个想法并非牵强附会，因为袋狼被捕获后经常像狗一样带着项圈被人牵着走。

自十九世纪八十年代至二十世纪七十年代，约二十四条袋狼被送进伦敦动物园，伦敦动物园隶属于皇室，是专为外来物种所建造的。许多袋狼被安排送往纽约和柏林的动物园。身处囚笼，这些驯顺、敏锐、古怪的动物没法为自己辩护。"真不幸，几乎没人愿意花时间观察它们。"一个现代解说员写道，"它们天性安静，没能引起动物园游客或园长的兴趣。"据说它们的叫声和缓慢开门的声音很像，但它们的囚笼永远紧闭。

1986年，最后一条已知的袋狼已经死了五十年后，人们宣布它从世界上消失了。即使是现在，《濒危野生动植物物种国际贸易公约》对袋狼状态的界定依旧只是"可能灭绝"。考虑到塔斯马尼亚这样一个原生态的岛上发生的物种灭绝如此之近，有关袋狼仍存在的故事肯定会继续下去。

1957年，一架飞越塔斯马尼亚西部柏世德（Birthday）的直升机拍到了一张"荒芜沙滩上有条纹的野兽"的照片。比利时博物学者、神秘动物学家伯纳德·休勒曼（Bernard Heuvlemans）认为，"那很可能是一条袋狼"，实际上，"应该立即行动，展开搜捕，捕获的动物经研究后即可放生"。

伯纳德的信心用错了地方。尽管时有发现袋狼足迹和袋狼攻击人类的报道，还有迪士尼电影团队竭尽全力寻找袋狼，埃德蒙·希拉里① 1960年还带领一支探险队探索了塔斯马尼亚岛，但没人找到过袋狼。不过，1961年，比尔·莫里森（Bill Morrison）和劳里·汤普森（Laurie Tompson）这两名渔夫偶然间差点就捉到一条掉入陷阱的袋狼，他们顶着被嘲笑的风险接受了霍巴特《水星报》（Mercury）的采访。莫里森说："它的尾巴很僵硬，外表呈黑色，我只能在它肩膀后面看到一条一直延伸到胸部的条纹。"据报纸报道，很自然，它当时被激怒了，不过发出的声音"很特殊，不同于狗吠"。正当二人准备放了它时，它就跑了，但速度并不快。莫里森还说"它看起来跑得很慢"。

袋狼已成为历史映射到当下的阴影。它还存在吗？1966年，塔斯马尼亚西南部规划了占地六十万公顷的禁猎保护区，部分原因就是想保护这座岛屿上可能存活的任何动物。这种努力是徒劳的，倒也表达了一种

---

① 埃德蒙·希拉里（Edmund Hillary，1919—2008），世界著名登山家之一。1953年5月29日，与同伴丹增（Tenzing）一起，从珠穆朗玛峰南侧攀登，第一次站在了世界之巅；1958年，他完成了独自穿越南极的壮举；1975年，他沿恒河溯源而上，踏上神圣之旅；二十世纪九十年代，他又完成了联合国儿童署和联合国野生动物保护协会筹资的环球旅行。为纪念埃德蒙·希拉里，新西兰五元钞正面为其肖像。

乐观主义的态度，仿佛只要规划了这个保护区，所有消失的动物和植物就会重新回到岛上似的。

　　动物一旦灭绝，就是不再存在于世了，我们只能用其他词汇来描述这些曾经存在的动物，尤其有些动物初见之下令人难以置信。甚至有些存活着的动物也颠覆了我们的认知。比如独角鲸，长着冰锥一样尖利的长牙，形貌十分怪异，简直不像是能存活到二十一世纪的动物，我反正是从来没见过，只是相信它确实存在。我在霍巴特博物馆见过一种狗，全身布满虎纹，长着袋鼠一样的腿，简直像是高明的赝品，正如第一只鸭嘴兽被带到欧洲时，人们宣称这种动物荒谬可笑，明显是假造的。

　　现今位于帕克斯路的牛津大学博物馆于1855年至1860年建立，当时那里还是城市北郊的一片开阔地 。尽管大楼外立面是漂亮的石材，但整栋建筑并没完工。这栋建筑由来自爱尔兰科克郡、偏爱中世纪风格的土木工程师本杰明·伍德沃德（Benjamin Woodward）设计，但真正拍板的天才是约翰·拉斯金及其友人亨利·阿克兰（Henry Acland）爵士，他们决定，在大学的这片开阔地上，科学和艺术当在辉煌的知识殿堂中交汇。拉斯金告诉阿克兰："我希望由米莱斯、罗塞蒂[①]为我们设计花卉和动物图形的围栏——比如你特别喜欢的鳄鱼和各种虫子的图案，或者巴克兰德夫人喜欢的装饰，我们可以把这些图案雕刻镶嵌在康沃尔郡的蛇纹石上，装饰在所有玻璃上。要是做得好，我会自己付钱，不用担心资金问题。这笔资金我们会有的！"

　　新建成的博物馆横跨牛津的草坪，由钢铁和玻璃建成的屋顶上装饰着动植物的图案，铁柱子配上石柱头和石柱础，石头上雕刻有蕨类植物

---

① 均为拉斐尔前派著名代表画家。

和透过枝叶窥探的狐狸。其他立柱上刻着百合，百合花长长的雄蕊伸展着，等着石雕蜜蜂来授粉。

博物馆的入口处，一根粗铁链上挂着一具抹香鲸的下颌骨，它体积巨大，有两人多高，乍一眼看过去难以尽收眼底。下颚骨就像一根巨型的许愿骨一样张开，纹理分明的巨大骨头慢慢收窄，延伸到哥特式拱门处，这具下颚骨本身都能作为一扇门，难怪梅尔维尔将其称为"可怕的铁闸门"。在其投下的阴影中，带有轻微的斯拉夫口音、衣冠楚楚的玛高莎·诺瓦克-坎普（Malgosia Nowak-Kemp）带领我开始参观，我跟她沿着走廊，穿过红天鹅绒绳子围住的贵宾区，打开一扇厚厚的木门。屋里像洞穴一般昏暗，摆满了现代的白色金属搁架，玛高莎小心地按下按钮，架子向两边滑开，一排排玻璃瓶呈现在我们面前。

这里通常陈列着哺乳动物器官和瞪着眼睛的鱼类标本，充斥着这个莫名其妙的世界中我们习以为常的恐怖。一只猴子被剖开的脊柱上顶着脑袋，好像奥迪隆·雷东[1]蚀刻画中的形象。架子边的角落里，地板上伫立着一个透明圆柱体，大概到一个人的腰那么高，圆柱体上面盖着一个玻璃盖，里面灌满浓茶颜色的液体。里面的动物标本被脖颈上缠着的布条竖直吊起来，看上去像个一有机会就会逃跑的罪犯——这是一条袋狼。

封在玻璃囚室中的这个动物很难辨识。它也有可能是一只巨型鼠。我从瓶子边上和顶部凝视许久，试着想象它活着时的熠熠光彩。玛高莎拿起一只小一些的罐子，里面塞了一具袋狼头皮标本，头盖骨已经被剔除，

---

[1] 奥迪隆·雷东（Odilon Redon，1840—1916），法国画家，沉溺于自己梦幻的世界，完全按内心情感创造出自己独特的语言。作品大多具有怪诞、平面、梦幻的特点。

面部泡在酒精溶剂里，就像一只泡得皱缩的手套。它的皮毛像狗或者狐狸，颜色苍白，状况良好，仿佛是某人精心保存的一具可爱的家庭宠物标本。

回到她在博物馆较远一侧的办公室，玛高莎打开柜子的木门，取出另一对藏品：楚格尼尼和伍达德的半身像。她戏剧性地猛一下把这两座雕像展示出来，阴影中，雕像的眼神空洞，和他们的同胞一样。后者的骸骨保存在博物馆的其他柜子和抽屉里，等待被送回故乡。

前厅中，布满灰尘的金属框架子最高层放着一具填充式袋狼标本，仿佛它某天突然跳了上去，然后就不敢再跳下来。这具标本是塔斯马尼亚皇家学会1910年向博物馆捐赠的。当玛高莎走出房间时，我违反规定

爬上那个梯状架子，揭开了这个有袋类动物身上盖着的俗气塑料布。这条袋狼固定在木头底座上，姿态端正，像我姐姐小时候拖着玩的带轮玩具狗一样。它的皮毛磨损了，嘴唇被标本剥制师封住了。我半挂在架子上拍了照片，伸手轻抚它的腿，那感觉很像我有一次在悉尼动物园偷偷摸了摸一只打盹的考拉的后背。要是我企图和一条活袋狼这么亲热，恐怕结果就大不一样了。当弗莱博士试图给霍巴特动物园最后一条袋狼拍照时，袋狼"啪"一爪子回敬了他；还有一名游客的臀部被咬了。这种动物貌似拘谨，充满了神秘感，它也许会对我有所影响呢，这就好比我曾经和某人握过手，而这个人曾握过与奥斯卡·王尔德握手的人的手。

在这个研究室的方寸天地里，我查看了塔克（Tucker）教授精心记录的笔记和图画。1942年，他在伦敦动物园解剖过袋狼，至少解剖过它的头颅。当时全世界都陷于战争之中，而这些学者在通信交流，研究这些即将灭绝的有袋类动物。

牛津大学自然历史博物馆

1942年8月5日

亲爱的塔克：

赫胥黎已经把你有关袋狼材料的第三期学会通讯修订版交给我了。你正在解剖袋狼头部，但很遗憾我们不能把袋狼躯干提供给你，因为袋狼的其余部分已根据学会要求，于1931年10月8日送往加拿大埃德蒙自然历史博物馆罗恩教授处，作为其向伦敦动物园赠送家禽家畜的交换！我们没有别的袋狼了，以后能否再弄一条也很难说……

你亲爱的朋友A.E.哈默顿

哈默顿信里提到的赫胥黎是朱利安，他是奥尔德斯的兄弟，也是"达尔文的斗犬"托马斯·亨利·赫胥黎的孙子。朱利安时任伦敦动物学会秘书长，也正是那一年，他与爱尔兰的T.H.怀特通信讨论动物是否有"思想"。

桌上堆满了一张张的大页书写纸，上面是塔克教授整洁的笔迹，记载了动物解剖学各方面的细节。1805年，他修订了威廉·帕特森的报告；帕特森是"细致描述袋狼的第一人"，而塔克教授很可能是"细致描述袋狼的最后一人"。据教授本人所知，他是最后一个与袋狼有过直接接触的人，对他而言，这就像给一头迅猛龙做尸体解剖一样。

先不管教授细致的报告，我转向另一份文件，这份文件汇总了过去二十年来，塔斯马尼亚东北部报告观察到袋狼踪迹的记录。塔斯马尼亚灌木丛区是地球上保护最好的一片荒野，声称遭遇袋狼的都是熟知这片区域的人。一对夫妻团队费劲苦心把这些记录汇总到一起，并强调目击者包括丛林中的老手、退休的大学讲师，他们的报告都相当可靠。他们原本过着普通的生活，直到这离奇的事情从天而降。

有一天夜里，一对夫妇在朗塞斯顿（Launceston）看完电影后开车回家，撞见一对形状奇异的动物在慢慢过马路。起初他们以为是狗，但车灯照到这对动物身上，它们的大脑袋上耳朵竖直，一点也不像狗。那对动物走得很慢，甚至心不在焉。这对夫妇称："它们甚至漠视我们的车"，好像它们不是闯入者，我们才是。惊讶之下，这对夫妇向公园及野生生物部（Parks and Wildlife Department）报告了这一情况。一个明显毫无兴趣的官员说："嗯，看起来你看到你撞见的东西了。现在，你能帮我们一个忙，以后绝口不提此事吗？不要跟任何人提起。"

和人类的偶遇会让动物做出奇怪的动作。一名五十多岁的老练的林农和其他三人在森林中伐木时，突然撞见了很像袋狼的动物——"不可能是别的动物"——它从一棵树后面慢慢走出来，"漫不经心……一点也不着急。不过它们无论如何也快不到哪儿去"。这四个人有足够时间观察它们奇怪的步伐和不打弯儿的后肢，因为后背僵直，它不能像狗那样绕着自己转圈，转身的时候要绕个大圈。1980年，一名女子在自家花园里和一个动物面对面撞上，她认出那是条袋狼，就站在她家鸡圈上。"它瞪着我，我瞪着它。它真的很漂亮，身上一部分是金黄色的，头很大，臀部有环状条纹。"在这短暂一刻，双方都愣住了。"我们彼此都目瞪口呆。"她悄悄叫屋内的丈夫，正当此时，这个动物消失了。她回到屋里时，面色发白，全身发抖。

许多目击者都谈到袋狼的平和沉静——"难怪他们会被猎杀"。还有人说闻到了它们四处散发的香味，那种味道就像某种香草。有些人挨得很近，凝视着袋狼黄色的大眼睛。这些目击事件的发生地不限于塔斯马尼亚，在澳洲大陆也有报道，摄像机捕捉到了一只类似狗的动物缓缓走过灌木丛。但没有任何确凿无疑的证据，影像模糊不清，这也可能是条杂交狗，或者是某种具有"真实"的袋狼电影里各种奇异特征的其他动物。

另外，在1973年，一段透过汽车挡风玻璃（雨刷器偶尔挡住视线）拍摄到的影像可能是最有说服力的，这段影像看似平常，却深具震撼力。

一只动物跑出树林，穿过道路。它有点像野狗，但有着又长又直的尾巴，尾巴末梢是尖的，后腿肌肉发达、强壮有力，看起来更像是有袋类动物，而不像犬类，在阳光下，它的后背会显现出神奇的条纹。从慢镜头回放看，它的形象既怪异又普通，好像融合了来自两个不同的世界的特质。

1982年，塔斯马尼亚公园和野生生物部门经验丰富的管理员汉斯·纳尔丁（Hans Naarding）在该岛西北部展开有关濒危候鸟澳南沙锥的调查。他一直睡在自己的车里，突然被大雨惊醒了。

当时是深夜两点，纳尔丁离开住地，习惯性地用聚光灯扫视灌木丛。"我把光线扫向周围，光束打在一条大袋狼身上，我停了下来，它离我有六七米远，侧面对着我。"管理员配备的相机不在身边——怀疑论者该说了，相机总是没带在身边——但无论如何，他也不想惊扰这条袋狼。他的这一决定让他能更细致地观察，报告也更有说服力。"那是一条成年公袋狼，身体状况很好，沙色皮毛上有十二条黑色条纹。两眼反射着淡黄色的光。它只动了一次，张开嘴巴，露出牙齿。"观察了几分钟后，纳尔丁想找机会把照相机拿过来。他刚一行动，袋狼就藏到灌木丛里，留下了强烈的气味残迹。由于纳尔丁从事的专业岗位，他的目击报告颇受重视。在之后两年间，这份报告秘而不宣，同时，人们在二百五十平方千米范围内密切搜寻袋狼的踪迹，最终却一无所获。

史蒂芬·斯莱特荷姆（Stephen Sleightholme）教授毕生致力于研究袋狼，当我写作本书时，他告诉我他刚收到一份目击报告，几周前有人在早上八点天光大亮时看到了一条袋狼。史蒂芬教授写道：袋狼很腼腆，更愿意傍晚时活动；即使在袋狼很常见的时候，它们也很少成群出现——它们不是群居并成群追猎捕食的狼。不过，关于袋狼有可能幸存的证据中，最引人关注的其实是枯燥的数据。二十世纪九十年代初，澳洲国立大学的亨利·尼克斯（Henry Nix）教授利用预测特定动植物种群出现地点的BIOCLIM程序，研发了关联近期目击地点的计算机生成的地图。

利用这种地图，尼克斯教授对比了十九世纪末至二十世纪初塔斯马尼亚猎捕和诱捕袋狼的历史记录，以及1936年之后目击袋狼的频率和地点。这两组数据几乎完全一致，教授由此得出结论，认为目击者真的见到过袋狼。他提议，在打算花重金提取DNA并克隆物种之前，应组织正式调查研究。

我并不知道这一切意味着什么。总会有人恶作剧，有人误认，有人恶意造谣，还会有既得利益者。确实，如果有一条活生生的袋狼走出灌木丛，摔倒在地——正如某个塔斯马尼亚动物学教授幻想的那样——那可能意味着对岛上原始森林的开发到此为止，这种开发可是激怒了不少塔斯马尼亚人，他们看着古老的树木被砍伐、运走，最后变成了厕纸。

我只知道我曾拜访过一位馆长，他无意中评论说，轮不到他们来揭露这个秘密，然后马上又收回了这句话。从他说了或者没说的话来看，很明显，某种动物生死未卜的境况很快就会真相大白——这也好。历史将被颠覆，袋狼不再是灭绝动物。

如果说袋狼曾经灭绝过的话。

第七章
漫游之海

远离陆地，远离贸易航路，在坚不可摧的黄金时代，与企鹅和鲸鱼同游，大海也为自己叹息，回想起人类扬帆远航前的日子。

——德里克·马翁，《被逐之神》

取出你的地图集，看一看。

你看不到真相。正如没有一幅二维地图能表现大陆的真实比例，也没有一幅海图能显示大洋的真相。如果你像那不可思议地冲上九霄的信天翁一样，从太平洋中心腾空而上，你会发现地球几乎全是蓝色的。难怪亚瑟·C.克拉克认为要是给地球起一个更好的名字，那应该是"水球"。

我们把不足道的小小陆地称为家园，但事实与此相悖，太平洋包括一点七亿立方米的水，覆盖了这个星球三分之一的面积，即六千三百万平方英里。最深处的马里亚纳海沟深度近七英里，海底一片漆黑，人类只造访过两次，对那里的测绘之少，还比不上月球。这片海洋中还有最古老的水：缓缓涌动的潜流，这水流上一次在海洋表面接触空气可以上溯至一千年前，自那时起，中间层的氧气就一直存在着。正像取自南极洲的冰核中锁着的气泡一样，海洋就是一座古代大气层的档案馆。海洋广袤无比，拥有数以百万计的物种也就不足为奇了，其中有四分之三有待辨别、描述，还有四分之一是科学范畴内未知的。甚至幽暗深渊中也孕育着超乎想象的奇异生命：远离太阳和透光层的无色生物，依靠来自火山喷发口的能量维生。生命或许就是从这样的地方起源的。

但太平洋绝不是没有陆地、杳无人迹的广阔区域。它密密麻麻分布着两万五千座大小各异的岛屿，每座岛都有自己的故事、岛民和动物。他们的讲述将这片海洋织成一幅锦绣，彼此用看不见的线牵连着，从海岸到岛屿再到海洋，贯穿着古老的大航海和大迁徙，令我们靠计算机辅助的现代成就相形见绌。这里是遥远旅程的终结之地，也是许多旅程的起点所在。

告别黑暗而安静的夜晚，我陷入行人、汽车和货车的喧嚣中，人们在码头周围的渡口处推推搡搡。一小时后，一艘船离港了。太阳在天空中洒下缕缕光芒，海洋在迎接我们。我在甲板上喝茶，懒懒的拿起我的双筒望远镜——只看到中等距离内一团巨大的灰色。我过了片刻才反应过来，那是一头鲸鱼。

扩音器中传出声音，提醒乘客。他们靠在横杆上身体前倾，希望能看得更清楚些。那头抹香鲸向空中喷气，抬起头，皮肤上的海水闪着光，但是它看起来不太像一头鲸鱼。乘客们很快失去了兴趣，纷纷回去吃早餐了。

我看着鲸鱼游远，最后华丽地一摆尾，潜入水中。这个场面如今在这片水域已很少见了。但一个世纪以前，这条航路上的船只经常有另一种鲸陪伴同行——这种鲸因此获得了神话般的地位。

从1888年到1912年，灰海豚常出没于库克海峡（Cook Strait），这道波涛汹涌的海峡将新西兰一分为二。因在罗盘湾（Pelorus Sound）出现，灰海豚又有"罗盘杰克"的绰号，包括鲁德亚德·吉卜林（Rudyard Kipling）、马克·吐温（Mark Twain）在内数以千计的游客见过这种海豚。有人称它是守护天使，因其引领船只穿越危险海域，但它更像是随着船头拍起的浪花漫游，许多海豚都会这样。第三种理论更倾向情感维系的解释：它失去了母亲，正在寻找母亲的替代物——许多尚在哺乳期的鲸类动物试图吮吸捕鲸船的船翼，而恰恰是那些捕鲸船使它们成了孤儿。

"杰克"还有其他了不起的本领。它能在两艘船中选择更能刮掉它身上寄生虫的那一艘，它更喜欢跟随蒸汽船，因为它喜欢蒸汽船发出的声音。它甚至引起了伦敦林奈学会的关注，学会主席、自然历史博物馆主任西德尼·哈默（Sidney Harmer）曾经说道："通过这个故事，我们应该重新审视对'海豚向人类释放善意'这一经典论述的怀疑。"罗盘杰克与人类的亲近，既让它们得到了奖励，也使得它们濒临灭绝。1904年，一名醉酒乘客在"企鹅号"渡轮上用枪乱射，之后，灰海豚成为第一种被纳入法律保护范围的海洋哺乳类动物：干扰海豚者皆处以一百英镑的罚款。据报道，杰克此后再也不为"企鹅号"护航了；五年后，那艘船在南岛失事，七十余人丧生。

对新西兰当地居民来说，关于罗盘杰克还有更古老的神话，反映了他们与他们称为"奥特亚罗瓦"（Aotearoa）的岛屿间的古老关系，岛上的岩石和人们的记忆共同塑造了这长白云之乡。对他们来说，鲸鱼和海豚是毛利神话中变化多端的精灵，杰克是能帮助人类的许多动物中的一种。在关于本族起源的神话中，青年男子派克差点被自己嫉妒的哥哥溺死时，鲸鱼塔霍出现了，并把他驮在背上送回了奥特亚罗瓦。当西方人还把鲸类动物看作世界边缘的怪物，比如形似移动的小岛或者海里冒出来的喷水龙时，在这个西方人眼中真正的世界尽头，人们对鲸鱼的真正本性更为了解。

在海上生活的毛利人非常熟悉鲸鱼、海鸟及其行踪，他们善于运用自己的身体来导航，与海水的变化和盛行的风向相协调；男子甚至根据他们睾丸的摆动来感知海水的起伏。波利尼西亚人的首次迁徙就是追随着那些鲸类动物进行的，他们的盎格鲁-撒克逊航海家伙伴们将这条路线称为"鲸路"。他们的身体素质和鲸颇有类似之处：岛民宽阔健硕的身体——他们输送的橄榄球员也因此备受重视——适于在独木舟上划桨，他们脂肪丰富，如同鲸脂一样可以在长期航行中提供能量。

毛利人与鲸结盟一点也不奇怪，也许有人认为这再合理不过了。从古至今，人们都赞美与动物的友好关系。十一世纪诺桑布里亚王国的勇士希华（Siward）伯爵在一场战役中持乌鸦旗帜，打败了麦克白（Macbeth），希华称自己是北极熊的后裔。据说他父亲的耳朵很特别，就像熊耳朵。《孩童的赫里沃德》（*Children's Hereward*）一书是我小学时收到的礼物，寄言"祝快乐成长"。书中亚麻色头发、年轻英俊的撒克逊英雄同一头强壮的白熊搏斗，"据说这头熊生而不凡，与伟大的希华伯爵有血缘关系"，最后白熊和其他野兽一同关在宅院的笼子里。白熊逃跑时，杀死了一条狗并把一名少女吓得不轻，于是赫里沃德跳下马，杀死了那头野兽——连他自己都很惊讶。中世纪的世界对这类杂交动物很痴迷：男人长着鹿头或是嘴里长出了树，女人长着鱼尾巴，处于魔法和科学之间的喀迈拉神。甚至多变的进化过程似乎也支持这些杂交物种：比如人们见到的袋狼，或是达尔文预测的西北太平洋海岸吃鱼的熊会变成完全的海洋动物，"进化成像鲸一样的怪物"，尽管达尔文后来觉得自己未免异想天开。

或许是没有意识到，科学家仅仅探究了西北印第安人的信仰，对这些人来说，世界被撕裂了，一面是恐怖，一面是美丽；他们住在海边，因为他们发现陆地更可怕。温哥华人类学博物馆里的图腾柱高达玻璃屋顶，像参天的红杉树一样，他们的木雕像保存在这里，解剖体则在亨特博物馆展出。特大的水獭皮混着鲸皮和狼皮，爪子和盘绕的尾巴让人心神不宁，如坠云雾里。有一座奇思妙想的雕像，狼背上支出好多鳍，就像有六头鲸鱼要破体而出。同时，这些雕像上方盘旋着狡猾的乌鸦，它在与牡蛎交配；九个月后，这只怪物会生出呜咽的婴儿，让他到人世间为所欲为。

对现在的西方世界而言，广阔的太平洋依旧那么遥远，它使得人与动物之间产生魔法一般的吸引力。他们到达了一个又一个海岸，不同的原住民文化甚至看起来颇为相似。与其"太平"之名不符，在这片无边无际、难以驾驭的海洋上，一切都变化不定。就像乔纳森·拉班（Jonathan Raban）在《通往朱诺》（*Passage to Juneau*）中写的那样，早在白人到达西北太平洋海岸前——在把库克、温哥华与澳洲连接起来的旅程中——澳洲原住民就知道有什么冲上海滩了：钉满钉子的船体碎片，这是异国的技术，就好像现在的赶海人见到飞碟碎片一样。

毛利人到达奥特亚罗瓦后，只重视这里的动物，特别是鲸鱼，因为这里没有本土哺乳动物。这些古老岛屿像塔斯马尼亚一样，有着前人类时代的独特种群。六千五百万年前，新西兰由盘古超大陆①分裂而来。新西兰唯一的四足动物就是爬行类动物，最大的动物是鸟类。这里没有

---

① 盘古超大陆，有"全陆地"之意，由大陆漂移之父、德国地质学家阿尔弗雷德·魏格纳所提出，指古生代至中生代期间形成的那一大片陆地。

可怕的食肉动物，是一片甚于伊甸园的乐土。在这里，鲸类动物是蛋白质的重要来源。（西方殖民者愿意假设岛上原住民会以同类相食来解决没肉吃的难题。）当欧洲人还管鲸叫鱼的时候，毛利人早就给他们熟知的这个物种建立了分类法，鲸既为他们所利用，也为他们所尊崇。这是一种不同的分类法，比卡尔·林奈给世间万物分门别类还早几百年。

在毛利语中，tohorā泛指鲸鱼，也特指南露脊鲸。Hakurā或iheihe是多在深海活动的喙鲸，paikea即座头鲸，pakake是小须鲸，ūpokohue是领航鲸，parāoa是抹香鲸。鲸群也有自己的尊称，这些名称含有新奇的辅音和原音，比起欧洲人起的难听的名字来，更能体现鲸的奇异美感，如Tūtarakauika, te Kauika Tangaroa, Wehengakāuki, Ruamano, Taniwha, Tū-te-raki-hau-noa。

对毛利人来说，陆上生命和海洋生命是没有分界的，因为这种区别毫无意义。树木和鲸鱼都是一样的。毛利族的神特·哈普库（Te Hāpuku）是鲸鱼和树蕨共同的始祖，也被视作森林之鱼。中世纪动物寓言集将陆上动物和海洋动物一视同仁——大象和鲸鱼相当，狼如同鲨鱼，鹅源于藤壶——所以毛利人可以在高逾一百英尺、树龄上千年的贝壳松中看到一头抹香鲸松树。他们说，鲸鱼请贝壳松陪自己回到海洋，而这棵树更愿留在陆地上。作为替代方案，它们共享外皮。于是，贝壳松树皮很薄，和鲸脂一样油润光滑，随着岁月流逝，鲸鱼和贝壳松都有了皱纹，越发庄严。

在毛利人的语言中，人类和鲸鱼也可以互换。Te kāhui parāoa意为抹香鲸群，或一群酋长。He paenga pakake意为搁浅的鲸鱼，或战败的勇士，因为人类认为鲸鱼也有战争。纳吉库里（Ngāti Kuri）部落创造了一种特洛伊鲸鱼，在狗皮下掩藏着一百名士兵。当那些被包围的敌人出来大快朵颐时，他们就被杀死，并被胜利者分而食之。其他战士披着黑斗篷潜伏在沙滩上，引诱那些自以为已经找到鲸鱼的敌人。最伟大的酋长特·拉帕拉哈（Te Rauparaha）给士兵的补给就是已经拖上岸的黑色鲸鱼，鲸鱼尾巴用亚麻绳索绑着，随吃随杀，就像活动的食物柜一样。

和澳洲原住民一样，毛利人并没有积极捕杀鲸鱼，而是很好地利用陷于困境的动物。西方人用鲸脂炼油并扔掉其余部分；但对毛利人而言，整头鲸鱼可以供给一个部落。肉可以直接吃或晒干留待以后再吃，从哺乳的鲸鱼身上可以获取乳汁；鲸油用作润滑或增香，牙齿和骨头可作装饰，最珍贵的就是鲸齿挂件。抹香鲸坚硬致密的骨头可用来做宽刀片和棍棒，这些武器汲取了鲸鱼的强大力量。

在新西兰，每年都有成百甚至上千头鲸鱼在海岸搁浅，这被认为是神圣的信号。最近，一队领航鲸在南岛搁浅了，一名毛利长者带着自己的睡袋来到岸边，每晚都陪着它们，不让它们孤单地死去。死去或濒死的鲸鱼都领受了神圣的祝福。1970年，五十九头搁浅的抹香鲸被称作人类的化身，葬在公墓中，墓穴长达五百英尺，这成为一例知名事件。诡异的是，它们的死亡被当作女王来访的吉兆（以及中世纪"圣鱼"代表的公义在澳洲的反映）。同样的插曲出现在威提·依希麦拉（Witi Ihimaera）的小说《鲸鱼骑士》（*The Whale Rider*）里，尽管该书是在纽约完成的。

1985年，依希麦拉在曼哈顿当外交官时，一头座头鲸游上哈得孙港，一直冲到第五十七街。依希麦拉似乎去"那条又脏又黑的古老大河"看望了这头鲸鱼，就像一名使节会见另一名使节。他对我说："我从不相信，你一离开这个国家，毛利人的世界就随之终结。'海陆动物彼此联系'的说法，也就是你们说的相互作用，单因为在人类身上讲不通就不能再讲了吗？我可不相信。鲸鱼拥有古代的记忆吗？它们当然记得。"纽约的鲸鱼代表了对人们来说重要的所有鲸鱼；它代表不能回避的过去、现在和将来。

孤儿也好，守护者也好，1912年，人们最后一次看到杰克，它可能在当年寿数已尽，不过有人怀疑是一队挪威捕鲸船用鱼叉捕获了它。如今，它的传奇简化为渡轮上的公司标识：一头可爱的海豚在国花银蕨叶片形状的海浪上欢快跳跃。现在，人们已经不需要鲸类动物领航了。当我们的船到达南岛的峡湾，看不见的卫星发出信号引航，就算北欧的捕鲸船到了这里也会觉得像家乡一样熟悉。绿树覆盖的斜坡直直伸入大海。要不是悬崖逼近，好似要攫住我们，这里一艘艘游艇随浪轻摇，可真是美景如画。

下方的甲板传来卡车笼子里咩咩的羊叫声。

小镇皮克特（Picton）位于夏洛特女王湾（Queen Charlotte Sound）的尽头，那里曾是个捕鲸港。渡轮驶入码头，我下船走到街上，走过火车站台。喧闹的火车于一点钟准点发车，轰隆作响地穿过葡萄园星罗棋布的绿色山谷。火车最末一节车厢是侧面开放式的观光车厢，我探身出去，风迎面而来，有一种美国西部荒野的感觉。我们经过被藻类染成粉红色的盐滩，羊群在肥沃的草场上觅食；火车穿过由西部的南阿尔卑斯山与东部的太平洋夹成的狭窄走廊。由两侧的荒原之间，我们继续向南，到了凯库拉（Kaikoura）。在这个之前因铁路而繁荣的镇子里，人们曾经忙于绵羊的饲养加工。现在，老售票处挂着双关语"鲸路站"①的牌子，宣示自己的新财富。但海平线处波涛汹涌，今天不会有船了。

在小镇主街的酒吧里，我和比尔·莫里斯在他所谓的啤酒时间碰面，他从丹尼丁（Dunedin）一路开车过来，就为了谈谈鲸鱼。他二十多岁，个子很高；他刚从露营车里睡醒，头发一簇簇竖立着。我们挤到前排车

---

① 鲸路站（Whale Way Station）与火车站（Railway Station）谐音。

座，把他的衣服和吉他堆在后面，开车驶向海岬。

阳光灿烂甚至刺目，眼前的景象锋锐、鲜明，我简直需要点眼药水了。正值落潮时，岩石上覆盖着各式各样的海藻，边上是鲜艳的墨角藻和珊瑚般的海扇。比尔和我走出露营车来到海边，一大片巨藻堆在岸上，像被砍伐的森林。新西兰海狗懒洋洋地躺着，亮闪闪的眼睛瞪着我们，看我们敢不敢靠近。新西兰海狗的拉丁名Arctocephalus forsteri是为了纪念乔治·福斯特（Georg Forster），十八世纪七十年代，他和父亲约翰·莱茵霍尔德·福斯特（Johann Reinhold Forster）作为博物学者取代班克斯的位置，参加了库克船长的第二次航行。乔治·福斯特带回一张他称为"海熊"的素描，画的是达尔文模糊预言的动物——爪子和鳍融为一体，能一下就扎进水中。福斯特给这种动物命名，也就是向它们敞开了命运之门，和帕特森对袋狼的所作所为如出一辙，也正如《探索》（Discovery）科学家将对南极海鲸鱼采取的做法。仅在1824年的一个季节里，南岛就有八万头海狗被剥了皮。它们的数量只剩下当初的一小部分。

回到干燥的地上，比尔给我指着一间锡皮屋顶、粉色油漆的孤零零的小木屋。门廊上散落着鲸鱼肋骨，地基建在鲸鱼脊骨之上。鲸鱼把人类第一次带到这里时，这个国家的基石——就西方人而言——就建立在捕鲸业之上。这座木屋曾是罗伯特·法伊弗①1842年所建驻地之一。他和其他捕鲸者每年都会认购一万四千股南方股权。对他们来说，鲸类动物尸体发出的腐臭就是"钱的味道"。到二十世纪二十年代，南半球百分之九十九的露脊鲸都被捕杀了。工厂的废墟中只留下一座壁炉，仿佛海岸路边的一座神龛，其余一切都被冲刷得不见踪影了。

---

① 罗伯特·法伊弗（Alexander Robert Fyffe，约1811—1854），出生于苏格兰，新西兰持证捕鲸人。

　　小屋里，船舱一样的房间仍贴着爱德华时代的壁纸。斜阳照进窗户。这里仿佛是世界上最后一栋房子，有一种万物寂灭的感觉，以前种类丰富、数量庞大的动物全都消失不见了。如果你在这里看到一只巨鸟踱步穿过花园，不会感到奇怪，四百年前，你确实会看到这样的景象。迄今为止最大的恐鸟蛋就是在这里发现的，这也是更早期海岸上发生过的屠杀的证据。

　　最大的恐鸟身长达十二英尺，相当于两个人高，但这也没能让它们在猎杀中幸免于难，恐鸟最终还是灭绝了。十六世纪初，都铎王室正陷于权争，恐鸟撤到新西兰南岛，袋狼在塔斯马尼亚最后落脚。这里保存着最完整的动物遗骸，包括1878年在奥塔戈（Otago）洞穴中发现的高地恐鸟的巨大脚爪，就像南美洞穴中发现的毛皮完整的大型树懒尸体一样，这只恐鸟的羽毛也完整无损。在这样广阔而瑰丽的风景中，很难相信这样巨大的动物是最近才消失的；它们的行迹似乎还徘徊于此，仿佛夕照余光。

　　1844年，毛利长者卡湾·派派（Kawane Paipai）告诉曾在达尔文的航行中担任"小猎犬号"船长、后任新西兰总督的罗伯特·菲茨罗伊（Robert FitzRoy），五十年前，人们在南岛猎捕过恐鸟。这情景让人回忆起雷·哈利豪森（Ray Harryhausen）一部电影中的场面，派派记得恐鸟在被矛刺中前受尽折磨，陷入重重包围，像鲸叉插入鲸脂后就变弯一样，猎人的矛一旦刺中就会折断。受惊的恐鸟会反击，用它巨大的脚猛踢敌人，但是这种战术会让它自己失去平衡，很容易向后摔倒。但更残忍的是，其他的鸟还有被迫吞咽滚烫的石头致死的。

尽管恐鸟遭此迫害，很多人还是相信它们活到了现在。捕鲸者和捕海豹者声称看到了海岸岩礁上巨大的怪鸟。据说有人发现了有刀痕的骨头，这些刀痕只能出自铁刃之下，而毛利人是不会使用铁的，这说明那时的欧洲人不仅见过恐鸟，还吃过恐鸟。

1839年，恐鸟碎骨片被运至亨特博物馆负责保存并扩充外科医生藏品的理查德·欧文手中。这片骨头将成为他事业的关键，他发明了"恐龙"一词，复制并在水晶宫展出了第一批原大的恐龙模型，查尔斯·狄更斯以他为原型，创造了《我们共同的朋友》中性格阴郁的接骨师和标本剥制师维纳斯先生这一人物。

过程并不迅速。经过四年深思熟虑，欧文认定这片骨头属于一只巨鸟，他将其命名为恐鸟，根据分类学，恐鸟与类蜥爬行动物相似（但他不知道，人们后来发现恐鸟是恐龙的直系后裔）。他说："只要人们认可我在辨识和说明骨片方面的能力，我愿意斗胆以自己的名誉担保，即便不是现在，新西兰过去也曾存在着类似鸵鸟，起码身形与鸵鸟相当的一种鸟，这种鸟行动迟缓、身体沉重。"

四十年后，欧文因为这种一百八十度大转弯的提法而得名，也受到了很多批评（他的确没有承认他人的发现成果）。这个脑袋圆圆的教授担任大英博物馆馆长时，穿着破破烂烂的长袍，瞪着眼睛，目光灼灼，站在博物馆巨大的恐鸟骨架旁留影，照片里的他看上去就像另一只恐鸟。

即使在欧文"发现"这种巨鸟前，有关巨鸟显然存活的传言正不断涌现。1823年，乔治·波利（George Pauley）称他在奥塔戈岛一座湖泊附近散步时看见过一只巨鸟："我跑开了，它也跑开了。"之后的1850年，工程师在勘探一条通往坎特伯雷的新铁路线时见到了两只比鸸鹋还大、停在山坡上的大鸟。1878年，一个农民在同一个村子见到了一只恐鸟，它的身形非常独特，不可能错认——尽管它怪得不像是能为人类所见的动物。"它在悬崖边的空地上站了整整十分钟，脖子上下摇摆，和黑天鹅受惊时一样。"尽管除了模糊的照片、石膏模型、谣传中枯朽杉木中的巨型鸟巢之外，鲜有证据证明它们依旧存在，但像恐鸟阔步穿过荒野这样的故事却依旧继续着。

当我和比尔从法伊弗之家眺望大海时，太阳已经落山了。我们前方的凯库拉峡谷向下伸出六英里，直达海床，在大峡谷末端，太平洋和印度—亚洲板块在此会和。由于大陆板块不间断的漂移，整座火山急剧下沉形成海沟。大峡谷中存在着巨大的生物量，是类似水域的上百倍；从穴居海参到蠕虫的大量生物在此聚集，说明这里寒流和暖流交汇，带来上升流中的营养物质和无数微生物。

人们已知最大的头足类动物仍在此游弋，此外可能还有一些未知动物。长着带刺触手的巨型乌贼，触手展开有四十英尺长，眼睛有篮球那么大，可以在微光下视物。丁尼生想象了这样一种生物。

　　　在深海的更深处，

　　　它那远古的睡眠，

　　　没有梦境，无人打扰

　　　……一旦人类和天使见到它，

　　　它会在喧嚣中浮出水面并死去。

这些活生生的克拉肯① 象征着恐惧；如果有人曾见过它们的自然状态，或许真的很可怕。但它们也和岛上其他动物一样似乎能隐身。

第二天离天亮还有三个小时，我就起床了，说也奇怪，要遇到鲸类动物得越起越早。我快速穿好衣服，把筒包往肩上一甩，安静地从后门出去，在晨与夜交接的时候，从山丘跋涉到岸边。南十字星座在天空中闪烁，直指南极。

我在街灯映黄的小池塘间穿梭。路另一侧的狭长公园正位于沙滩之上，公园中的藤架由鲸骨搭成。我在自己的卧室中听到大海停止了咆哮，

---

① 传说中北海的巨大怪兽，有许多巨大的触手，会把船只拖入海底，象征着大海之怒。

继之以令我不安的低沉的隆隆声，听起来就像火车正驶入站台，却永远也不会到达。满脑子都是海岸上的怪兽，我努力摆脱这些胡思乱想。

在开着日光灯的房间中汇报完工作，我穿上潜水服。半小时后，我在船后方倾身下到黑沉沉的海水中，我一路下潜，周围是螺旋桨搅起的泡沫。

一百码外，黑色的鳍在水中划出一个大大的圈。在半明半暗中很难看清水下到底发生了什么，更何况我还漂在海面上，有海浪拍在脸上。我发疯般地踩水，想要站得再直一点。

突然，它们像镰刀一般劈入我模糊的视线，将我团团包围住。我身处一个超级海豚群中间，它们是暗黑斑纹海豚，大概有两百头，甚至更多。

我看见了它们在我下方游动，身上是精致的黑色、白色、珍珠灰。这些鳍缓缓聚集，向我靠近，越来越多，我陷入一群下潜、跳跃的海豚旋涡中间。

目力所及之处全是海豚，我被它们包围了。它们像流星雨一般从一个地方冲过来。这些身长两米的海豚呼啸着，在我的视线内进进出出。我感觉自己异常镇静。很难相信这一切是真的，好像这迷乱的场面完全是在别处出现的。

但事实是，一切就发生在我面前。我向下望去，一头海豚从我旁边滑过，它转了一圈又一圈，好像在挑战我，看我能不能跟上。我也转了起来，但更意识到自己在它们的世界中是多么笨拙。

海豚紧贴着我游过去,在空中翻了几个筋斗：怎么样？你能做到吗？我下意识地伸出手，它们轻易地避开了。这不是游戏的一部分。

在兴奋的眩晕中，我试图转身回到船上，这时船长艾尔张开双手，示意我应该停在原地。

怎么啦？他指着我头上方。

我看了看周围，好几十头海豚像水牛群一样直对着我。有那么一刹那，我觉得它们要游进我的体内。这个想法当然很荒唐。它们和鲸鱼一样，记录着我的一举一动，我里里外外的每个指标，我的体积、密度、温度，我是什么以及我不是什么。海豚的声呐每秒发出两千次嘀嗒声，能在三十英尺外分辨出指甲那么薄的物体。最后一刻，它突然转向，从我双腿下游过去，越过我的头顶。

许多海豚在交配。雄海豚两千克重的睾丸和阴茎在雌海豚的生殖缝中迅速射精，而雌海豚发情的标志就是腹部变得圆润有光泽。海豚的交配还在继续。艾尔说：一头雌海豚五分钟内能和三头雄海豚交配，甚至还能和其他物种交配，生出一种暗黑色的杂交海豚。卡斯帕·亨德森在其《不可思议的生命之书》（*Book of Barely Imagined Beings*）中指出，雄海豚交配时甚至会把生殖器插入龟壳或鲨鱼臀部，雌海豚会采取骑乘式，一头的背鳍插在另一头的生殖缝里。

四下里骚动起来。海水中的嘀嗒声仿佛汇成了一道声浪。当它们竞相游动时，我感受到了它们性欲的力量。但我们之间的距离始终无法消弭。没有任何东西介入，但也没有联系。它们倏忽而来，倏忽而去。一头海豚带着三两头海豚在我身边转悠。然后，海面又一次恢复了平静。

回到船上，我蜷缩在船头打着战，看着这超大的一群海豚游过。它们夜里吃饱了，这会儿正心满意足地玩耍。一头海豚在船头下面游来游去，嘴上衔着几片海藻。经验丰富的毛利海员遇到暴风时就会向海豚呼救。他们会从头上扯下一撮头发扔进海里，这是求助的表示。因为看见海豚衔着海草互赠对方当礼物，毛利人开始用这种方法寻求海豚的帮助。

那天下午，我在凯库拉半岛另一端登上另一艘船。我到达时没注意到这里的山，因为这些山太近了，也太高了，从海上看去简直是拔地而起，仿佛水下峡谷在陆地上的镜像。这里动物的规模都差不多。翼展九点五英尺的南方皇家信天翁，和它的近亲一起漫游，后者是世界上最大的海鸟。南方皇家信天翁也是最长寿的海鸟之一，雌鸟六十多岁还能够繁衍后代。一只南方皇家信天翁展开巨大的双翼，在船上方盘旋，它那被伊希梅尔

称为"难以形容的奇怪眼睛"注视着我们。

一头蓝鲨游了过去，身后跟着一对蓝企鹅。船停了下来，随着轻柔的波浪起伏，我们等待着。

我正在上层甲板上和船员说话，前方海面突然一阵骚动。没有任何预兆，一头抹香鲸从海浪中竖起巨大的脑袋，嘴巴张着。我可以很清楚地看见它巨大的牙齿。牙齿之间是一条三英尺长的石首鱼。

我一直认为所有抹香鲸都在深海觅食，但眼前就有一头鲸鱼在海面吃食。一位船员指出鲸鱼发出的声呐踪迹——比海豚发出的嘀嗒声更强大——形成局部的环状水波，好像激光枪在水里射击一样。

再度出现时，鲸鱼的全身都露出来了，我可以估计得出它的个头；从中间的气孔到枕骨的长度就足以判断其身长。和我在亚速尔群岛目送的雌鲸相比，这头雄鲸体型巨大，身长至少有五十英尺，年龄大概四十岁。三十年前，它离开了家族，向南寻找更大的猎物，它越长越大，越长越气派，对其他鲸鱼也更有吸引力了。它加入了其他雄鲸的队伍，其中有固定栖息于此的，也有临时经过这里的，峡湾的丰富资源养育了它们。任谁也不会忽视这样的动物，它正值盛年、威风凛凛、庄严美丽。但在这里，它们的种类和数量也都在减少。峡湾中的食物资源现在可能也减少了，不管鲸群还剩下多少，反正人们能见到的抹香鲸越来越少。

这头鲸鱼俯冲入水，鲸尾在高山的映衬下摆起，又落入峡湾。我们的船长递给我一副耳机，耳机看起来更像是在纽约地铁里常见的那种，我听见了我们下方传来的响亮的嘀嗒声。他微笑着告诉我："我们叫它塔卡，意思是守护者。"

第八章
静默之海

从大海望穿海滩，是心灵的双眸所见，浪漫，典雅，荒蛮，但永远不可掌控。

格雷格·戴宁，《岛屿与海滩》，1968年

　　如果想要到达卡皮蒂岛（Kapiti Island）却没有驾照，就必须一大早从惠灵顿赶火车。火车隆隆驶过，沿途是带走廊的殖民地风格平房和新西兰亚麻，花穗已经枯萎，只有茎秆立着，风刮个不停，刀片般的叶子随风飘动。前一天，我站在城市南边的岛屿湾（Island Bay），看着几个月以来最恶劣的暴雨天气随风而至。

　　我是去那里寻找逆戟鲸的，有人在港口见过鲸群。但迎接我的是一场暴风雨。乌云越来越浓，沙滩凸显出来。两道彩虹横跨地平线，把天地连接在了一起。天色渐暗，乌云重重，景象迷幻。天空低沉，逼近大海，仿佛要冲我们压下来，水雾打着旋，似乎要变成龙卷风。热带太平洋全力迎击南大洋的冷锋，我就像在同时观看慢放和快放的天气播报。风暴正向我袭来，刹那间，大气中充满电荷，几乎成了庞大的导电体。

　　我真的能感受到电荷在空中噼啪作响。最后一刻，一股旋风撞上停车场里的汽车，接着落下冰雹，一切都被笼罩在强劲的风暴中，我赶紧跑到避雨处。翻滚的海浪所向披靡，在旋流中声势越渐浩大，不断拍打着岩石，大有把岩石从沙滩中拔出之势。大自然的这一阵歇斯底里，就像个异常亢奋的孩子。

第二天，要是没看到报纸头条，你会以为什么都不曾发生。火车在宁静的早上驶出，把城郊的海边住宅区甩在后面。大海又映入眼帘，越过狭窄的海峡遥遥望去，能看到卡皮蒂岛上密林的轮廓。

新西兰是人类在世界上定居的最后一处地方。在与世隔绝的六千五百万年间，论单独一座岛上的鸟类品种数，这里是自然界中最繁多的，估计有两百种。鸟类像鲸一样，是毛利人的宝藏与资源。他们用鸟羽编织披肩，用线把活鸟和死鸟挂在耳垂上，直到它们不再扑扇翅膀，或者身体开始腐化。1769年，詹姆斯·库克船长第一次到达这里，他说，"勇气号"在夏洛特女王湾抛锚时，震耳欲聋的鸟鸣声就像一千座调校精准的钟同时鸣响。但在一百年之内，殖民者带来的外来动物对这里原本和谐的丰富物种产生了威胁，1897年，受到圣卡斯伯特在法恩内陆所作所为的启示，一项早期保护法案通过，卡皮蒂被定为鸟类保护区。自此，在环保部的保护政策下，岛上的哺乳动物遭到残忍的捕杀，这是行使暴力手段以达到正确的目的。

首先遭殃的事奶牛、猪、山羊等家畜，他们被射杀或屠宰。接着是设陷阱捕杀兔子。十九世纪末，人们将刷尾负鼠带到岛上开展毛皮贸易。消灭这种动物最旷日持久，超过两万只被捕杀。然后是老鼠。很快，卡皮蒂不再有食肉动物，只留下了当地原生的鸟类。

人类访客受到严格管制，访问者要检查背包，以免不小心把啮齿动物带进来。我检查了自己的包，里面没有小动物亮晶晶的眼睛，连一片绒毛都没有。火炮一样的牵引底盘拖曳着我们的船，经过灰色的沙滩，驶入乏味的大海。迎面吹来的风让我精神为之一振。每座岛，无论大小，都有自己的故事，岛屿本身就是讲述者。格雷格·戴宁（Greg Dening）以前是天主教耶稣教会牧师，现在是一名人类学家，他写道："岛上的任何生命都曾是旅行者，穿过沙滩，每个旅行者既带来了旧事物，也创造了新事物。"

库克将卡皮蒂称为"入口之岛"，两个毛利部落以卡皮蒂为界，它的毛利名字颇为平淡乏味，意为"边界"，不过"毛利"一词本来的意思就是"普通"。名字虽然平常，这座岛可不平常。蜜雀、缝叶鸟、铃鸟在森林中鸣啭。树蕨在浓密的矮树丛中长出来，把光线染绿。行走在此，仿佛海底漫步。

跋涉一小时后，我终于冲出幽暗的丛林，到达山顶。正坐下准备吃野餐时，一只漂亮的棕色新西兰黑秧鸡若无其事地走到我的大腿上寻觅面包渣儿，它的样子像是火鸡和巨大的棕鸟的混合体。透过树丛俯瞰下方，岛屿边缘的岩礁周围尽是海水。

我继续向前走，突然听见有人在前面唱歌。几维鸟在巢中酣睡，知更鸟在泥土中啄食，是谁在惊扰这片森林的宁静呢？转过一个弯，我才发现是从船上就一直陪着我们的毛利向导在唱歌。她正呼唤着一只新西兰鹦鹉，这是一种不会飞的鹦鹉，藏在树冠中很难被发现，而这只鹦鹉似乎也在回应她。

回到海滩，在漂白的漂流木、破碎的贝壳和线缆一样粗的海带之间择路而行，迟疑片刻后，我还是决定去游泳。岸边远处有两个生锈的炼鲸油的锅。一头海狗滑入海里，背朝下翻滚着，鳍状肢紧抱在一起，像是僧人在祷告。这些地方都有鲸的味道。

我正等船时，一只卡卡鹦鹉正在低树枝上盯着我，一副要质问甚至嘲弄我的架势。我伸出胳膊邀请它来歇一会儿，它看了看我，拒绝了我的邀请，朝着天空飞走了。

1824年的一天下午——也可能是晚上或早上——一位著名医生造访了利物浦一个不寻常的家庭，他的病人患有麻疹——一种再平常不过的病。但这位病人不同寻常，他的整张脸及身体的大部分都刺了文身，远看呈深蓝色，不像人类，而更像恶魔。

就算在利物浦这样的大型港口城市，他的外表也颇为显眼。他名叫特·佩西·库佩（Te Pehi Kupe），在家乡是一位著名的战士，但在这里，他身穿西服，系着华丽的领结。在医生看来，这个奇异的病人很明显与船长有关联。库佩就住在船长家里，一定发生过什么事情把这两个人连接在一起。来访的这位医生兴致盎然，其中一个原因可能是医生本人就是岛民。

1781年，托马斯·斯图尔特·特雷尔（Thomas Stewart Traill）出生在遥远的苏格兰北部海岸，奥克尼郡（Orkney）的柯克沃尔（Kirkwall），从小就与鲸鱼、海豹、海鸟一同长大。奥克尼在挪威语中意为"海豹之岛"。这里还留有新石器时代鲸骨搭成的房屋，石头地基仍然嵌在草地里，屋子里的鲸齿被当作圣物。与毛利人类似，比起陆地来，这里的居民更仰赖海洋，也更了解海洋动物。

特雷尔年轻的时候，在以启蒙精神闻名的爱丁堡求学，后来在利物浦行医。他不仅仅是个医生。特雷尔医生属于议员、银行家、历史学家、刑法改良者、废奴主义者威廉·罗斯科（William Roscoe）的核心集团成员，参与受过教育的绅士关切的重要议题和辩论。利物浦——我的祖先从这里前往美国，或从爱尔兰来到此处，这个港口城市是"非洲—加勒比—英国这邪恶的三角奴隶贸易的起点和终点"。和罗斯科、特雷尔同时代的人看到，我们对其他物种的所作所为也同样可憎。杰里米·边沁能够接受人类杀害动物而取食，"但是我们有什么理由折磨它们呢？我看不出来。我们又有什么理由可以不折磨它们吗？是的，有几个理由。"

这位哲学家和改革家的想法着实古怪。1824年，即特雷尔与库佩相遇的同年，边沁就对毛利人保存人类头骨的做法十分着迷，他坚持死后将自己的头和身体上柔软的部位做成标本展览，各部位分别贴好标签储存在玻璃瓶中，都放在一个橱柜中。作为全景监狱的发明者，边沁解决了怎么把人关起来的问题，在人类笼养动物的时代，他又将这一方法拓展到动物身上。他写作时，大概没有忘记大象查尼的命运，或者其他被捕获、囚禁的生灵。布雷克写道，这些动物的遭遇"足以在天堂中燃起怒火"：

这样的日子曾经有过，而我很难过地说，在很多地方，这样的日子还没过去：人类中的大多数被冠以奴隶之名，法律如何探讨这个情况，其立足点也适用于人类如何对待那些低等物种。也许有一天，人们会意识到，对于一个有感知的生灵，我们不能单凭它有几条腿、是否长毛、骶骨末梢的样子就对它为所欲为。问题不在于这些动物是否有理性，会不会交谈。问题在于，他们是否理应受折磨。

威廉·罗斯科爵士对于"动物解放"的观点也许未有记载，但与边沁类似，他的努力并不局限于反对罪恶的奴隶制。和许多与其地位、品味相当的人一样，他也是个收藏家，而且癖好尤其严重。他与艺术史学家贺拉斯·沃波尔、艺术家亨利·弗塞利（Henri Fuseli）是朋友，也与托马斯·杰斐逊（Thomas Jefferson）、华盛顿·欧文（Washington Irwing）等美国的名流有书信往来。显然他十分乐意与新共和国的人打交道。

1818年5月，他邀请曼哈顿经销奢侈品的商人阿兰·梅尔维尔（Allen Melvill）到家里做客。三十年后，梅尔维尔的儿子赫尔曼来到同一个港口，在家族姓氏中加了个字母"e"。

利物浦和南安普敦一样，都是通往世界的一道大门。这里似乎聚集了一群人，他们不拘一格，以某种奇妙的方式联系起来。其中还有特雷尔的另一位朋友——威廉·斯科斯比（William Scoresby），后来人们称呼他为惠特比（Whitby）。他当时住在利物浦，常在码头边的水上教堂祈祷。斯科斯比像他的父亲一样，是一个捕鲸能手，但他也是科学家和牧师，他认为这两种职业相辅相成。斯科斯比在其《北极地区概况》（梅尔维尔会愿意厚着脸皮把此书占为己有）中告诉读者："对于科学家和牧师这两种职业，乃至对于整个人生而言，最紧要的前提是把自己的心灵托付给

救世主，是他牺牲了自己，将人类从罪恶与毁灭中救赎出来。"那是一个信仰与利益必然交织的年代。"读者们，你们明白吗？你们理解了这其中仁慈的旨意吗？"

出于对特雷尔的钦佩，斯科斯比用这位奥克尼朋友的名字命名了北极的一座岛。这个姿态是为了向特雷尔的科学编目致敬，尤其他是第一个研究巨头鲸的人。斯科斯比写道："……特雷尔医生定义了海豚属……这种海豚有时成群出现在奥克尼、设得兰（Shetland）、法罗（Faroe）群岛周围，大部分跟随着领头的鲸鱼，后者因此在设得兰被称为吆喝鲸，估计是特雷尔博士命名的……近现代以来，英国和其他北方岛屿的海岸上都出现了大规模屠杀。"

从奴隶制、科学到催眠术和捕鲸，他们对自己当代的议题饶有兴致。历史上还有什么病例能比这个来自地球另一端的人更不同寻常？此人的故事就和对"黑色大鱼"的分类学研究一样奇异迷人。在特雷尔看来，库佩的形象可能正适于有异国情调的彩色藏书票——特雷尔之后帮助约翰·詹姆斯·奥杜邦（John James Audubon）出版过《美洲鸟类》（*Birds of America*）。但作为医生，他也明白，他的新病人可能快要不行了。一名外科医生把这个毛利人当作实验对象，给他接种了麻疹——此举可能是效仿约翰·亨特的学生爱德华·詹纳接种牛痘的实验，现在这个毛利人病势沉重。

在这些新被发现的岛上，麻疹病毒肆虐的程度甚至超过了性病。从詹姆斯·库克首次造访此地的两代之内，毛利人的人口减少了一半。特雷尔医生用柳叶刀挑破水疱——这是一种过时而且基本无效的治疗方法，曾广泛用于疯人院——库佩康复了，但这很可能更多是得益于他的强健体质和他朋友理查德·雷诺兹（Richard Reynolds）船长的精心照顾。对毛利人深深着迷的特雷尔把库佩请到家里，希望能对他和他的同胞有更多的了解。对库佩自己而言，这既是一次实验，又是一次冒险。他也有一个使命：能从中获益，或许损失更多。

　　苏格兰著名作家乔治·克雷克（George Craik）写作《新西兰人》（*The New Zealanders*）一书时，请他的朋友特雷尔医生提供了信息。作为"实用知识传播协会"的供稿人之一，克雷克缺乏研究课题的一手资料，而他对此毫无愧色；克雷克知道如何激发读者的好奇心。"我们将向读者们介绍非常有趣的新西兰原住民，他们最近造访了我们的海岸，但我相信大众对其知之甚少。"他对新奇事物的描写中采用的哥特式手法可不少；这种浪漫想象中，既有沃波尔哥特式小说的奇幻元素，又有玛丽·雪莱①的科幻风格。也许梅尔维尔（他的书深受《弗兰肯斯坦》影响）就是受此影响，塑造了《白鲸》中的另一个人物魁魁格，作为貌似安全的西方文明的黑暗对立面。库佩脸上那些神秘的痕迹唤起人们对另一个世界的想象。

　　但克雷克先生一点儿也不在意形而上学。他说："至少在近几年中，新西兰人是波利尼西亚所有族群中最受公众关注的……他们与胆小羞涩、风格奢华的塔希提人形成鲜明对比，也与悲惨的澳大利亚弃儿截然不同。"他们阳刚、独立、顽强、等级分明，与表面上彬彬有礼、视金钱如粪土的原住民截然不同，毛利人算得上是势均力敌的对手，他们就像南非的祖鲁人，是可以为帝国战斗的士兵。"他们第一次与欧洲人打交道时

————————

　　①　玛丽·雪莱（Mary Shelley，1797—1851），英国著名小说家、剧作家、随笔及旅游作家。因其1818年创作的《弗兰肯斯坦》（或译"科学怪人"）而被誉为科幻小说之母。

就以牙还牙。他们没有像被西班牙人残害的秘鲁人那样坐以待毙，而是团结一致对抗火枪的攻击。"

在英国的街道上，南太平洋的原住民并不鲜见。1774年，"探险号"第一次将一个波利尼西亚人奥迈（Omai）带回英国，他由约瑟夫·班克斯监护，约书亚·雷诺兹^①还为其画了肖像，肖像中的奥迈身着庄严的长袍。第一个来到英国的毛利人是摩翰加（Moehanga），他是在1907年被约翰·萨维奇（John Savage）从岛屿湾带来的。船到达伦敦时，他看到泰晤士河上桅杆如林，担心自己会像在贝壳衫森林中一样迷路。教堂的尖塔使他敬畏。在他的家乡，做一件亚麻或树皮斗篷要数月时间，而且大家认为这个过程是神圣的，而在伦敦，可怕的消费主义令他震惊：商店里塞满了衣服，房子里堆满了家具。反过来，这位勇士也让别人惊讶不已，尽管他把羽饰头冠换成了一顶丝绸帽子。"把摩翰加带到公共场合极为不便，甚至和他在街上走路都很别扭，因为这会引起英国佬的好奇。"萨维奇抱怨道。许多年后，这个毛利人在新西兰告诉一个传教士，尽管自己对圣保罗大教堂的巨大圆顶难以置信，但伦敦最令人印象最深刻的是管道，"水是如何通过管道进入不同的房子的"。

后来，著名酋长宏伊·西卡（Hongi Hika）携年轻的外甥，勇士怀卡托（Waikato）于1820年到访英国，冲淡了人们对摩翰加的关注。两人成为上流社会的焦点，而西卡更感兴趣的是伦敦塔动物园里的野兽，尤其是大象。他面见乔治四世时，很镇定地宣称："英国只有一个国王，新西兰也理应只有一个国王。"为了向这一雄心勃勃的宣言致敬，英国国王

---

① 约书亚·雷诺兹（Joshua Reynolds，1723—1792），十八世纪英国著名画家、皇家学会及皇家文艺学会成员、皇家艺术学院创始人之一及第一任院长，以其肖像画和雄伟风格的艺术作品闻名。

把一套盔甲赠给这位客人，尽管这礼物不太实在，但据说这个头盔在一次战斗中为酋长挡了子弹。

这两个毛利人一回家，就马上把礼物卖了，换成枪支弹药并发动战争，战斗极其激烈残酷，随之而来的是可憎的食人，连怀卡托都承认他有四天吃不下东西。西卡的盔甲也没法保护他了，在一场遭遇战中，他胸部中弹，留下一个伤口，一年后身亡。酋长让战士贴着他胸口听，能听到穿过肺部的风响。也有人说看见他的伤口洞穿身体。

这便是特雷尔医生的病人的前车之鉴，库佩出现在利物浦也是事出有因的。

1824年2月26日，斯坦福思和高斯林贸易公司旗下的商船"乌拉尼亚号"（Urania）正在库克海峡航行，船长是理查德·雷诺兹。突然，从卡皮蒂方向驶来了一支可怕的小舰队：三艘战斗轻舟，满载着八十名勇士。

雷诺兹和船员准备应对迫在眉睫的攻击。作为一艘行驶在南太平洋上的商船，"乌拉尼亚号"应当是配备了全副武装的。但他们无法预料接下来发生的事。最大的一艘轻舟，船首高扬，向"乌拉尼亚号"的船头驶来，显然是首领的一个人站了起来，用结结巴巴但清晰的英语要求登船。雷诺兹先是拒绝了，但他看不出轻舟上有任何武装，因此允许船只靠近。

接下来发生的事就只是他邀请人登船吗？雇用他的公司即将倒闭；也许"乌拉尼亚号"的这趟买卖不太好，也许这些不速之客的到访算是怡人的消遣；也许还有更多事情没有透露。当然，雷诺兹对新西兰的认识更深刻了，因为他能说一口流利的毛利语。

两艘船越来越近，触手可及，而跨越海洋的两个世界之间的鸿沟却更见分明。我能想象出库佩有力的双腿弯曲着，肌肉发达的手臂向前伸出，他从独木舟跃到对方的船上。这是一次放胆彼此信任的跨越。

上船后，库佩指挥他的独木舟后退，摆出调停的姿态。他做出了一个想要枪炮的手势，但被对方拒绝了。但他还有一句话，他学会并理解了这句话，提出最终的大胆要求："去欧洲，见乔治国王。"

雷诺兹看够了库佩的哑剧。他既不是军火商，又不是客船船长。他命令三名水手将库佩丢下船去。他们正准备动手，库佩突然倒在甲板上，紧紧抓住一对带环螺栓不放手。"除非使用暴力，否则根本拉不动他，但仁慈的雷诺兹船长不允许这样。"库佩正确理解了此时的局势，他对着自己的独木舟大喊，叫他们回来。他踏上了前往欧洲之路。

雷诺兹想择机把库佩丢上岸，但风向不对。于是这个英国人只能暂时放弃，客气地招待这个不请自来的客人。他明白库佩是个酋长，就让他睡在自己船舱的床铺上。"乌拉尼亚号"驶过太平洋前往南美洲期间，库佩一直在船上。当船行驶到利马时，两人已经很要好了，一次戏剧性事件巩固了他们的友谊——船行至蒙得维的亚（Montevideo）时，雷诺兹不慎掉出船外，正要沉下去时，库佩跳入海中拉起他紧紧不放，直至两人获救。从库佩跳上船到跳下海，毛利人与英国人变得亲密无间。就像楚格尼尼从亚瑟河救出乔治·罗宾逊一样，库佩在南大西洋的一跳，颠覆了西方人与岛民的惯常角色，意义甚至比这更伟大。

二十年后，这个故事对梅尔维尔产生了巨大影响——他一定读过这个故事。《白鲸》中最让人难忘的角色，有文身的王子、食人生番魁魁格，很明显是在毛利战士的基础上创作的，他也是西方小说中第一个太平洋岛民。与库佩一样，他从"皮廓德号"甲板跳下，拯救了一个溺水的白人。"甩掉了上衣，走到船的一侧，一个漂亮的弧线形入水动作，跳入了大海。有那么三四分钟，他狗刨似的游着，手臂使劲向前划，强壮的肩膀在冰冷的水沫之中时隐时现。"

魁魁格"来自遥远的西南方的一座岛。这座岛在所有地图上都找不到，真正的好地方是从来不上地图的"。他和其他船员一样，都来自岛屿。"皮廓德号上几乎都是当地岛民，"伊希梅尔说，"我称他们为孤独者，我并不是特别认可大陆人，其实每一个孤独者都住在属于自己的大陆上。"尽管为人正派，但魁魁格漆黑皮肤下还隐藏着某种难以言喻的东西，他骨子里仍是个岛民。他像库佩那样，神秘、残酷，他的身体上遍布着鲸骨刻画出的陌生的等高线地图般的纹样。两人都像是来自外太空的彗星。他们奇异的外表似乎能预言未来：魁魁格预言了皮廓德号和误入歧途的船员的命运，库佩则预言了他的故乡岛国燃起战火的命运。当伊希梅尔看到船员的英勇行为，他的钦佩之情难以言表。"从我像藤壶那样紧紧扒在魁魁格身上起，没错，一直到可怜的魁魁格完成最后一潜。"库佩和雷诺兹也是这样亲密起来的。

1795年左右，特·佩西·库佩生于北岛的卡菲亚（Kawhia），他遇到雷诺兹船长和特雷尔医生时大概三十岁。他有两个妻子、一个儿子和五个女儿。1821年，他和侄子特·拉帕拉哈一道突袭了敌人的防御工事，后者注定要成为新西兰最有名的酋长。他们在一场恶战后夺取了卡皮蒂，库佩有四个孩子阵亡。岛屿成为他们坚实的堡垒，战士们配备着得自捕鲸者的滑膛枪——即使血腥的陆地战持续不断，还是有数以千计的捕鲸者来这里捕鲸。这场战争两败俱伤，可能是想比他的侄子抢先一步，库佩离开卡皮蒂前往英国。

带着一个毛利人抵达利物浦后，雷诺兹失业了，他的雇主宣告破产。就算他给库佩一点钱，把库佩丢在王子码头，让其自生自灭，或者展览这个毛利人赚钱，就像一般人对待搁浅的鲸鱼那样，也没有人会因此责怪他。但雷诺兹没有这么做，两人的友谊没有变。特雷尔医生也见证了这一点。医生发现，只要雷诺兹离开超过一小时，库佩就会感到不安。库佩的忠诚无可置疑，他甚至把船长的行李放在自己房间，"因为他害怕自己的朋友和保护者被人带走，离他而去"。

经过检查，医生发现这个病人"仍然充满活力……看上去聪明、讨人喜爱，只是文身太多，几乎看不出原来的肤色。真的，他全身各个部位都刺满了"。就像魁魁格绣花床罩般的皮肤一样（"天哪！这个样子！这张脸！文身图案是发黑的大块大块的正方形，上面点缀着黑色、紫色和黄色"），在特雷尔充满钦慕之情的描述中，库佩的文身图案也散发出身体的吸引力："他的臂膀强健优美，尤其是上面刺着许多黑色的线；他在以前的战斗中受过多少次伤，身上就刺着多少条线。"库佩和魁魁格还有一个共同点：通常脾气平和，但偶尔也会失控。一次，"乌拉尼亚号"上的水手侮辱了他，"他猛冲上去，拎着对方的脖子和裤腰带举过头顶，然后朝甲板上用力一摔"。这一场景在《白鲸》中也出现了：魁魁格抓住一个在背后模仿他的"小无赖"，他像掷投棒一样，一把将对方抛到空中。他险些杀了这个无赖，船长便训斥他，这位勇士王子简短地回复道："啊！他是小鬼！魁魁格不杀小鬼！魁魁格杀大鲸！"

特雷尔医生与库佩一同骑马而行，这是多么非凡的一幅画面！据说库佩以前从来没见过人骑马，他惊骇不已，就像第一次遇见西班牙征服者的阿兹特克人一样。不过也许库佩明白自己在这一幕中的角色，于是他做出了恰如其分的表演。在许多关于他应对英国礼仪习俗的报道中，这位毛利人似乎以"野蛮人的方式"努力取悦东道主。当他在街上被团团围住时，库佩触碰自己的帽檐或和大家握手来表达谢意。他出了名，画家约翰·西尔维斯特（John Sylvester）给他画了肖像。这位模特对作画的过程很感兴趣，他强调应该一丝不苟地把文身画下来。文身代表他的身份，尤其是鼻子以上的部分表示他的名字（但是，具有讽刺意味的是，他的名字被西化为图派·库派）。库佩为兄弟和儿子亲自画了文身图案，并能指出其中的差别。他能回忆出自己身上的每一条线条，要知道，在他的故乡，唯一的镜子就是瓢里的水。

　　库佩骑着马走在兰开夏郡（Lancashire）的乡村，他被这里的农业和铁匠迷住了。一天，特雷尔带他参观一个龙骑兵团。"有一场精彩的表演，他应该会喜欢。"乔治·克雷克写道，"军队气氛欢快的出场，各种队形的变换，还有给马下达的指令，所有这些让他又惊讶又开心，他发出热烈的赞美。"这是一个机会，他可以重申自己真正的要求。他问，国王是否还有这样的战士，在得到肯定的答案之后，他又接着问："那为什么不给图派一些火枪和刀剑呢？"他还提议用桅杆和亚麻来交换这些武器。

　　这绝非单纯的以物易物。库佩提到的桅杆来自贝壳杉林，他对特雷尔说，这片树林密密麻麻，延伸到卡皮蒂海岸，树干制成桅杆再好不过；而大量亚麻正是制造帆布的原材料。库佩非常清楚自己向这个海洋帝国提供了什么（这个帝国的雄心和库佩的壮志所需，只是在物资和规模上不同罢了）。他甚至以感情打动了朋友。那是一副辛酸的场面，库佩见到了特雷尔四岁的儿子，他把孩子抱在自己腿上，一边亲吻，一边哭泣，他对特雷尔说，自己的孩子这么大的时候就被杀害、吃掉了，连眼睛都被挖出来吃了。

尽管煞费苦心，他还是没有成功说服东道主，英国国王不认为把枪交到他手上去复仇是个好主意。1825年10月6日，他由公费资助，在泰晤士河登船出发，离开了英国。他带着政府捐赠的各种农具，毫无疑问，英国人期望这些礼物能够鼓励他的族人追求和平。但和之前的宏伊·西卡一样，库佩一到悉尼就把这些工具和西式服装换成了武器。

回到卡皮蒂，库佩就陷入了一场灾难性的部落间战争。与西卡一样，他的死也轻如鸿毛，在一场关于珍贵软玉的纠纷中殒命。据说，他告诉敌人："你的文身糟糕透顶，怎么还敢不满足我的愿望？我要用斧头把你的鼻子砍掉。"相貌至关重要，甚至重于性命。随即，库佩的军队被制服了。尽管他做了抵抗，他的遗言却自相矛盾："不要把身体交给上帝，要交给卡卡·库拉。"但他的命运并非如此。人们煮食了他的肉，他那副勇士的骨骸没有被送回家乡，而是制成了用于海钓的渔钩。和库克船长一样，他的死也是一种象征，象征着一座岛屿向海洋的献祭，象征着终结与起点。

清晨，巴士从大教堂的背阴处驶出，一年后，这座教堂将变成废墟。巴士在班克斯半岛（Banks Penisula）陡峭的山路上蜿蜒行驶。我身旁是个梳长辫子的小女孩，她一路上大部分时间都在数码相机上一张张地删照片，删除的"哔哔"声音伴随着我们下到"长港"阿卡罗阿（Akaroa），进入狭窄而遍布岩石的水湾。

库克船长为了向其恩主致敬，将这个半岛命名为班克斯，当然啦，根据他第一次勘察的结果，这里当初被称作班克斯岛。那时，岛上遍布森林，但这些树很快就被运到欧洲制成了桅杆，留下光秃秃的山丘。血腥的战争加剧了这里的毁灭。1830年，在英国船长约翰·斯图尔特（John Stewart）挑唆下，拉帕拉哈酋长发动了无情的攻势，导致数百名毛利人死亡。

那时，对最先在此定居的欧洲人而言，这个半岛已成为捕鲸海岸的中心，人们在此获利颇丰。在海峡周围的一处偏僻海湾里，捕鲸站的遗迹犹存，留下了早期交易的证据。1838年，驾驶勒阿弗尔的捕鲸船"抹香鲸号"的船长让-弗朗索瓦·朗格卢瓦（Jean-Francois Langlois）来到这里，阿卡罗阿差点就此成为法国的殖民地。他从当地毛利人手上买走了半岛的大部分土地，报酬分别是：两件斗篷、六条裤子、两件衬衫、十二顶帽子、两双鞋、几把手枪和几把斧头。朗格卢瓦曾一度想把这座半岛作为法国监禁囚犯的地方。他带着第一批自由民从法国出发，但1840年8月到达新西兰时，发现毛利人已经又将岛卖给了英国人，而随着《怀唐伊条约》^①的签订，英国人已控制了该岛，并在阿卡罗阿插上了英国国旗。

阿卡罗阿人并没有忘却他们差点成了法国人。法国三色旗依然飘扬在小镇中心，砌有山墙的古雅房子以具法国风味的"贝拉别墅"为名，你觉得应该能看到卖洋葱的小贩在街上骑车。这个宁静的小镇几乎像是

---

① 《怀唐伊条约》（Treaty of Waitangi），又译《威坦哲条约》，是1840年英国王室与毛利人之间签署的一项协议。条约的签订促使新西兰接受英国法律体系的管辖，同时也确认了原住民的公民权。该条约被公认为新西兰的建国文献，目前仍为现行文件。

舞台布景，和淡水湾（Freshwater Bay）不无相似之处；不是煞有介事，就是令人昏昏欲睡，掩饰着自身的历史。但吸引我来此的并不是历史，而是一种以英国人命名的动物，也是目前最珍稀的物种之一。

我穿着潜水服，躺在木头栈桥上晒太阳，正要睡着时，听到有人叫我。小船准备出发了。我爬上船，向广阔的海洋驶去，预计前往公海。我和新西兰船长伊恩、来自威尔士的年轻大副艾伦聊着天。这里的水十分浑浊，但对赫克托海豚而言再好不过，这种海豚的名字来自詹姆斯·赫克托（James Hector）爵士，在维多利亚时期，他担任惠灵顿殖民博物馆馆长。在所有海豚中，赫克托海豚体型最小，海豚宝宝不比橄榄球大多少，成年海豚身长也不超过一米。

与它们会表演杂技、肤色暗淡的近亲不同，属于喙头海豚属的赫克托海豚并不会以后空翻或跳出水面来宣告出场。你还没看清，它们精巧的圆形鳍就已划过水面。它们小巧敏捷，喜欢待在沿岸浑浊的水域中，这里是它们安全的庇护所，可以躲避食肉动物尤其是鲨鱼的攻击。但身处这片水域很容易受到人类活动的威胁，沿海国家的人均船只拥有量比其他国家都要多得多。根据芭芭拉·马斯（Barbara Mass）博士的观察，由于噪声污染、有毒化学物质、农业污染及滥用的捕鱼刺网等危害，这些动物的死亡率远高于出生率。在北岛物种中，毛依海豚只余五十五头，是鲸目动物中最濒危的一种，数量哪怕减少一头，这个物种都难以为继。它们濒临灭绝，在这个世界的尽头，即将步上袋狼和恐鸟的后尘。

很难想象，这些动物在二十一世纪行将灭绝，而我可能比它们活得更长。有几种喙鲸隐藏在新西兰附近的深海中，至今还没人见过它们的活体。那些小型鲸目动物活力十足，距离海岸很近，似乎对"灭绝"的说法嗤之以鼻。它们有点像卡通里的形象，不仅是动作像，还有圆形的背鳍，就像手指都很难穿过的小杯把。我甚至想俯下身拈起来一头仔细打量。

我整装待发，像要出门的灰狗一样急迫，在船尾跳水台上就位，往通气管里吹气，脚蹼打着水。艾伦问我："你潜过水，对吧？"

船长关上引擎，我便跳下水去；踩水变得很困难。这些灰白色的动物开始围着我转，我感觉就像被牧羊犬包围了一样。然后它们像飞机起飞一样，一下跃到空中，炫耀着自己优美的身体。它们面部的黑白痕迹和腹部的条纹就如同毛利人的文身。但我的身体可比不了海豚，溅起的海水要呛到我的肺里了。我感觉自己像是马戏团里的动物，尽管海豚自顾自地向我靠近，我还是忍不住觉得自己打扰了它们。我拖着筋疲力尽的身体上了船。有时候，做一个旁观者要比参与者更好。

我回到客舱，那个本来就很小的房间里还装饰着蕾丝和印花布，显得更小了。我吃了两片止痛药就睡着了，脑海中还浮现着翻滚的海浪。黄昏时分，我醒过来，还是有些晕船的难受劲儿，我穿过空荡荡的小镇，这里正逢淡季，只有一家餐馆营业，从窗外望进去，一群人正在吃着晚餐。

我从附近的便利店买了一包薯片，坐在长椅上眺望港口。然后，我走到栈桥尽头看海。我离家已久，现在又累又烦，短裤破破烂烂，沾满油渍，T恤脏了只能在水盆里凑合着洗，和所有的朋友家人都远隔六个时区。这个地方既熟悉又陌生，像家里一样整齐有序，却又几乎是荒野的尽头，我的心情与其说是思乡成疾，不如说更像是无家可归。被整个世界遗弃的感觉席卷而来，而这种感觉其实一直萦绕在我心头。

我把笔记本放在床头柜里。明信片、干叶片、票根等塞满了笔记本，还有鲸鱼浅色的皮肤标本，一些叫不出名字的地方或动物的速写。其他的东西一概没有，这就是我的家，我的生活就在螺旋装订的笔记本黑封面之间，这里是我下锚的地方。

　　也许我再也不会回来了。在梦中，我被看不见的磁场吸引着，受到无形的折磨，脑海中尽是移民、侵略、旅行者和受害者的画面。从始至终，巨大的信天翁在天空中翱翔，美丽的鲸鱼潜入深海峡谷，小巧的赫克托海豚在水里玩着捉迷藏。

　　该回家了。

第九章
内心之海

时间从未存在过，将来也不会存在；它纯粹是人类的臆想而已。当下才是永恒，过去是，将来也一直会是。

理查德·杰弗里斯，《内心的故事》，1883年

乌鸫是一种再寻常不过的鸟，可是你环绕了半个地球，也不可能听到比郊外园林中乌鸫的鸣叫更美妙的声音。它们的大眼睛能在其他园林鸟类之前感知明暗之间的微妙过渡，其敏感程度只有知更鸟可与之媲美。我听到第一首歌的第一个音符，那是黑暗中寂寞的一声鸣啭，随即，一只接一只的鸟加入，组成一曲合唱。从清晨到黄昏，它们上下翻飞，时止时栖，从屋顶到树梢，展现着自己的魅力。鸟鸣并不整齐划一，显然是随兴而发，它们彼此一唱一和，座头鲸用同样的方式将当年的歌唱遍海洋，① 歌声在大海中交替反复。哲学家、音乐家大卫·罗森伯格（David Rothenberg）给我演示过，如果把座头鲸的歌声加速播放，听起来非常接近鸟鸣，这两种声音有着同样"持续的鸣啭，有节奏的啾啾声和喧嚣的杂音"。

---

　　① 座头鲸在同一年里都唱同样的歌，但每年更换新歌，两个连续年份的曲调相差不大，都是在上一年的基础上逐年增添新的内容。

每一次旋律的发展都自有其意义，音程的变化严格而精确。发出的声音兼具荒唐可笑和庄严优美，乌鸫就是有这种能耐，这种鸣叫带着怀疑的抑扬变化，以升调结尾，像是青少年的俚语，"咄——咄——咄"或者"咄——咄——噜，咄——咄噜"。不过，它们的鸣叫义正词严，是为了阻止其他动物侵犯自己的领地，同时也是为了吸引潜在的伴侣。它们只能飞离地面几英尺高，以逃避猎食者从天而降的攻击，因为它们的天敌只有猛禽，这一招儿也够用了。而现在，这样的飞行高度会直接让它们在交通事故中丧命。一个黑影差点卷到我的自行车轮子里，我吓了一大跳，这种动物可经不住伤亡。它们一定还留有古老的族群记忆，当初这里是一片欧石楠。乌鸫毕生都在保卫自己的领地，它们当中有些能活到二十岁左右。年复一年，乌鸫在我车库顶上弓着身子快速跑过，转过身来看着我。

这样阴沉、潮湿的一天怎能如此美丽？连日的阴雨后，某天拂晓，我趁着无雨的短暂间歇骑车出门。天空中除了云彩，没什么可看的。在这样的天空下，目之所及皆为收获。这天是五一国际劳动节，雨水让清晨的气息更浓了。道路穿过林间，树冠交叠，遮蔽了下方的柏油路面。海滩上风平浪静。世界再一次敞开了它的怀抱。

一个新的身影出现在海岸上方，那是一只翅膀细长的燕子，它从海上"之"字形向树林飞去。燕子来自撒哈拉以南的非洲，飞了数千英里才到达这里。接着，它们俯冲下来，离我头顶只有数英尺，我能看清它们身上的所有细节：背部深蓝色，有矿物般的虹彩，腹部纯白，下颌呈蔷薇色。古罗马人认为，燕子代表灶神，因为它们在屋檐下筑巢，杀死燕子将带来厄运。燕子的名字源于斯堪的纳维亚半岛，那里的早期基督徒相信，它们曾经飞掠基督受难处，并发出"西瓦拉、西瓦拉"①的声音。因此，为表彰它们的虔诚，人们将其命名为"燕子"。

燕子每年都会消失，这是它们的神秘之源。有人说它们飞到月亮上去了，甚至有人说它们变成了别的动物；直到十六世纪，仍有人相信它们会在水里冬眠，渔民可以撒下渔网，把它们捕捞上来，"（它们）在芦苇丛中挤成一团，喙部、翅膀、双脚都缠在一起"。

吉尔伯特·怀特看过成群燕子即将迁移时的场景，深受触动，"有种隐秘的喜悦，混杂着某种程度的压抑"，因为没有人知道它们去了哪里。他的后裔T.H. 怀特写道："如果动物没有记忆，也许它们就会感到快乐，但是，就连燕子也记得去年筑巢的地点。"泰德·休斯曾说，燕子是"鞭子一般凌厉的泳者""空中的鱼""有倒刺的鱼叉"。水手们则相信，燕子是象征幸福的青鸟，是来自故乡的信使；有燕子文身的人定能安然返回陆地，同样，船锚文身象征着希望。然而，几个星期前，我的艺术家朋友安吉拉在康沃尔郡第一次见到"青鸟"，她告诉我，匕首刺穿燕子心脏的文身图案是失去爱人的标志。

晚上，我在水里清洗身体，大海在我身上留下的伤痛令人麻木。全身的骨头像木头一样僵硬，指节粗糙，膝盖上满是伤痕。我们都不再是过去的自己。人体大部分细胞都会更新换代，据说人体每隔七年就全部更新一遍。我至少经历过六次大更新，已经有六个不同的我了。

几天前，一对普通燕鸥出现了。因为有着剪刀似的尾巴，它们曾被称作海燕。它们的拉丁学名"Sterna hirundo"，来自于古英语"stearn"（海鸟）和拉丁语"hirundo"（燕子）。它们与朴素、迅捷的海鸥相似，叫声

---

① Svala，在斯堪的纳维亚语中意为安息，同时，燕子的英文单词swallow与此谐音。

嘈杂，精力充沛。它们一面扫视着，一面潜入水中，疯狂进食，以补充从非洲长途飞行而来损失的能量。它们看上去连索伦特海峡都飞不过去，但其实北极燕鸥保持着鸟类长途迁徙的世界纪录。有人曾发现一只燕鸥从芬兰飞到了西澳大利亚，旅程长达一万四千英里。

冬天的鸟儿都飞走了。几周前，我们带着射弹捕鸟网来到海边，想赶在黑雁飞走前抓几只。我们的皮特·波茨船长以军人的整肃作风将队伍安排就绪，瞄准后，把金属管埋在泥地里，准备向毫无防备的目标开枪。有条路过的狗把腿搭在皮特·威尔逊的包上。突然"砰"的一声飘起一阵烟，我们跑过去收回捕鸟网，感觉像是把猎物从水里拽上来。我有点担心那只脑袋浸在浅水池里的雁。但八只黑雁连同一只蛎鹬最终还是被装进了麻袋。

这九只鸟被麻绳捆住，装在麻袋里，扔在鹅卵石上，它们已经是坐以待毙了，却不停地扭动着想要逃跑，简直像在参加鸟类的套袋跑比赛。蛎鹬第一个出袋。露丝抓着这只刚戴上脚环的鸟向我演示，不管她怎么移动鸟的身体，鸟头都一直冲着地面，鸟眼睛也一直聚焦于地面。接着露丝把鸟递给我，我把它放了。我们准备给这些黑雁套上脚环。

一些鸟羽的油脂沾到了手上，我看着它们，它们黑色的小脑袋线条优美，脖子上隐隐有一圈白色羽毛，试探着用锯齿状的喙啄我的手指。这些鸟比我原以为的还小，没有鹅那么大，只有鸭子大小。这些勇敢无畏、美丽高贵的野生动物，是来自北极的使者。我们把它们一起放飞了，很快，它们灰色的身影就消失在天际。

回家后，我鼓起勇气清理了母亲的房间。六年前，她离开家去医院做了一个常规手术，以后就再也没回来，自从那时起，她的床再也没人动过。我留下了这张床，床上的味道让我得到些许安慰，仿佛她仍然留在这个房间、这栋房子里。现在，我硬着心肠撤下了床罩。二十四小时后，一切都不复存在了。房间空空荡荡。窗户似乎永远拉着窗帘，扇形顶窗上贴着一层彩色塑料薄膜，看上去好像彩绘玻璃一样，我揭下了这层薄膜。就在猛地揭下薄膜的一刹那，我从凳子上猛地往后倒去，光线射了进来。

所有我年幼时的想象，我所畏惧的一切，它们并不在世界尽头，也不在这里。我合上笔记本，把它同其他所有的一切放在了书架上。

任何地方都比不上家。我们都住在那儿，我也是，你也是。

参考资料

第一章 近郊之海

Richard Hamer, *A Choice of Anglo-Saxon Verse*, Faber 1970

'Fawley Refinery, 1953', www.britishpathe.com; 'Fawley Refinery' www.exxonmobil.co.uk

'Methodology for the measurement of impingement', *British Energy Marine & Estuarine Studies, Scientific Advisory Report Series 2010*, No 006, Ed 2

'Spike Island & The Vagrancy Act of 1847', www.turtlebunbury. com

Herman Melville, *Moby-Dick*, University of California Press, 1983

Roy L. Behrens, 'Abbott Thayer's Camouflage Demonstrations', *Camoupedia*, www.bobolinkbooks.com

Tim Davis, Tim Jones, *The Birds of Lundy*, Devon Bird Watching & Preservation Society & Lundy Field Society, 2007

John D. Goss-Custard, *The Oystercatcher*, OUP, 1996

Sophia Kingshill, Jennifer Westwood *The Fabled Coast: Legends and Traditions From Around the Shores of Britain and Ireland*, Random House, 2012

Solent Forum Nature Conservation Group, 'The Solent Waders and Brent Goose Strategy', Hampshire and Isle of Wight Wildlife Trust, November 2010

Caspar Henderson, *The Book of Barely Imagined Beings: A 21st-Century Bestiary*, Granta, 2012

Miles Taylor (ed.), *Southampton: Gateway to the British Empire*, I.B. Tauris, 2007

Horatio Clare, 'South China Sea', *From Our Own Correspondent*, BBC World Service, 4 November 2011

Ken Collins, Jenny Mallinson, 'Solent marine aliens', Report to Solent Forum Nature Conservation Group, January 2011

'*Tireless* Pays Five Day Visit to Southampton', 2 March 2012, www.royalnavy.mod.uk

Olaus Magnus, *Historia de Gentibus Septentrionalibus*, Hakluyt Society, 1998

Tag Barnes, *Waterside Companions*, Arco Books, 1963

Eric Edwards, 'A Fisherman's Lucky Stone', 'England: The Other Within: Analysing the English Collections at the Pitt-Rivers Museum', www.prm.ox.ac.uk

Henry Colley March, 'Witched Fishing Boats in Dorset', *Somerset & Dorset Notes & Queries*, Vol X, 1906

Iris Murdoch, *The Sea, The Sea*, Chatto & Windus, 1978

Callum Roberts, *Ocean of Life*, Allen Lane, 2012

Elaine Morgan, *The Aquatic Ape Hypothesis*, Souvenir Press, 1997

Sir David Attenborough, *Scars of Evolution*, BBC Radio 4, 12 April 2005

Marc Verhagen, Stephen Munro, Mario Vaneechotte, Nicole Oser, Renato Bender, 'The Original Econiche of the Genus *Homo*: Open Plain or Waterside?', *Ecology Research Progress*, Sebastian I. Munoz, Nova Science Publishing, 2007

Greg Downey, 'Human (amphibious model) living in and on the water', *Neuropathology: Understanding the Encultured Brain and Body*, blogs.plos.org

The Asiatic Journal and Monthly Register for British India & its Dependencies, January–July1827

Galveston Daily News, 16 January 1921

Angela Barrett to the author; Jill Gervaise to William Nind

H.W. Brands, *Age of Gold*, William Heinemann, 2005

第二章　纯白之海

'History of the Isle of Wight', Wikipedia.org

Walter de la Mare, *Desert Islands*, Faber & Faber, 1930; Paul Dry Books, 2011

Ward Lock's Guide to the Isle of Wight, Ward Lock, 1950

William Davenport Adams, *The History, Topography, and Antiquities of the Isle of Wight*, Smith, Elder, 1856

Richard Grogan, *Island Life*, Issue 5, Aug/Sept 2006

Oliver Haldane Frazer, 'The History of Marine Mammals off the Isle of Wight', *Proceedings of the Isle of Wight Natural History and Archaeology Society*, Vol 9, 1989

The London Magazine, Or, The Monthly Intelligencer, Vol 27, 8 October 1758

Barbara Jones, *The Isle of Wight*, Penguin, 1950

Nicholas Redman, *Whales' Bones of the British Isles*, Redman Publishing, 2004

Colin Ford, *Julia Margaret Cameron*, National Portrait Gallery, 2003

Jean Claude Feray, 'Virginia Woolf's Indian Ancestor', 15 April 1999, archiver.rootsweb.ancestry.com

Julian Cox, Colin Ford, *Julia Margaret Cameron: The Complete Photographs*, Thames & Hudson, 2003

Hallam Tennyson, *Alfred Lord Tennyson, A Memoir*, Macmillan, 1897

Victoria Gill, 'Tiny songbird northern wheatear traverses the world', 15 February 2012, www.bbc.co.uk/nature

Franz Bairlein et al., 'Cross-hemisphere migration of a 25g songbird', 23 February 2012, Royal Society journal, *Biology Letters*, Vol 8, No 4

Walter Johnson (ed.), *The Journals of Gilbert White*, 6 September 1777, Taylor & Francis, Futura, 1982

Gilbert White, The Natural History of Selborne, Ray Society, London 1993

Thomas Bewick, *British Birds*, Beilby & Bewick, 1797

'Ortolan – Bunting' Wikipedia.org

Thomas Bewick, Mary Trimmer, *A Natural History of the Most Remarkable Quadrupeds, Birds, Fishes, Serpents, Reptiles, and Insects*, Whittingham, 1825

Derek Jarman, *Modern Nature*, Vintage, 1992

Lawrence Wilson, 'Alfred Tennyson', *100 Great Nineteenth-Century Lives*, Methuen, 1983

Brian Hinton, *Immortal Faces: Julia Margaret Cameron on the Isle of Wight*, Isle of Wight County Press, 1992

Nathan J. Emery, 'Are Corvids "Feathered Apes"?', S. Watanbe (ed.), *Comparative Analysis of Minds*, Keio University Press, 2003

Bernd Heinrich, *Mind of a Raven*, Ecco, 2002

'Magpies can "recognise reflection"', 26 May 2009, www.news. bbc.co.uk

Lucy G. Cheke, Christopher D. Bird, Nicola S. Clayton, 'Tool-use and instrumental learning in the Eurasian jay (*Garrulus glandarius*)', *Animal Cognition*, 14 (3), 2011

Joanna Pinnock, 'Feathered Apes', BBC Radio 4, 27 March 2012

E.M. Kirkpatrick (ed.), *Chambers 20th Century Dictionary*, Chambers, 1983

Mark Cocker, *Crow Country*, Jonathan Cape, 2007

Payam Nabarz, *The Mysteries of Mithras*, Inner Traditions, 2005

Thomas Merton, *Bread in the Wilderness*, Catholic Book Club, 1953

Helen Waddell, *Beasts and Saints*, Constable & Co., 1934

R.R. Anderson, *Norse Mythology*, S.C. Griggs, 1879

Betty Kirkpatrick, *Brewer's Concise Dictionary of Phrase and Fable*, Helicon, 1993

William Elliot Griffis, *The Pilgrims in Their Three Homes: England, Holland and America*, Kessinger, 2005

Michelle of Heavenfield, 'St Oswald's English Raven', hefenfelt. wordpress.com

Magnus Magnusson, *Lindisfarne: The Cradle Island*, Tempus, 2004

Bede (trans. J.A. Giles), *The Life and Miracles of St Cuthbert*, Dent, 1910

William Herbert, *The History of the Twelve Great Livery Companies of London*, Guildhall Library, 1837

John McManners, *Cuthbert and the Animals*, Gemini, undated

Reverend Monseigneur C. Eyre, *The History of St Cuthbert*, James Burns, 1859

Durham Account Roll, 1380–81, Durham Cathedral Library

Dominic Marner, *St Cuthbert*, British Library, 2000

Peter Ackroyd, *Poe: A Life Cut Short*, Chatto & Windus, 2008

Francis James Childs, *English and Scottish Ballads*, Little, Brown, 1866

Christopher Newall, *Pre-Raphaelite Vision: Truth to Nature*, Tate, 2004

Sourton village display board, Sourton, Devon

Thomas Merton, *The Seven-Storey Mountain*, Sheldon Press, 1973

William H. Shannon, *Thomas Merton's Dark Path*, Farrar, Straus, Giroux, 1987

Thomas Merton, *Contemplation in a World of Action*, Allen & Unwin, 1971

Beth Cioffoletti, 'The Death of Thomas Merton', fatherlouie. blogspot.co.uk

Thomas Merton, *A Vow of Conversation – Journals 1964–1965*, Farrar, Straus, Giroux, 1988

J.A. Baker, *The Peregrine*, New York Review Books, 2005

Robin S. Hosie, *Reader's Digest Guide to British Birds*, Reader's Digest, 2001

W.H. Gardiner, *Gerard Manley Hopkins: Poems and Prose*, Penguin, 1985

C.A. Hall, *A Pocket Book of Birds*, A. & C. Black, 1936

T.H. White, *The Goshawk*, New York Review Books, 2007

Sylvia Townsend Warner, *T.H. White*, Jonathan Cape/Chatto & Windus, 1967

T.H. White, *England Have My Bones*, Collins, 1936

Richard Jefferies, *The Story of My Heart*, Collins, 1883/1933

'T.H. White & Siegfried Sassoon Correspondence on *The Goshawk*', Harry Ransom Center, eupdates.hrc.utexas.edu

Who's Who, A. & C. Black, 1948

'T.H. White in Alderney', *Monitor*, 13 September 1959, www.bbc. co.uk/archive

'Shallowford Days', www.henrywilliamson.co.uk

第三章　内陆之海

'Sadler's Wells', *Old and New London*, 1878, Centre for Metropolitan History

John Dineley, 'London Dolphinarium', 2010, www.marineanimal-welfare .com

Benjamin Franklin, *Autobiography and Other Writings*, OUP, 1993

'John Hunter' Royal College of Surgeons, www.rcseng.ac.uk

'John Hunter', Wikipedia.org

Romeo Vitelli, 'The Hanged Man', 31 July 2011, *Providentia: A Biased Look at Psychology in the World*, www.drvitelli.typepad.com

Peter Ackroyd, *Blake*, Sinclair-Stevenson, 1995

Gentleman's Magazine Vol 76, John Nichols, 1797

Ole Daniel Enersen, 'John Hunter', www.whonamedit.com

T. Moore, *Life, Letters & Journals of Lord Byron*, John Murray, 1839

The Times, 2 & 10 March 1826

Jan Bondeson, *The Feejee Mermaid and Other Essays*, Cornell University Press, 1999

William Wordsworth, *The Prelude*, Book 7, 1805

Lynda Ellen Stephenson Payn, *With Words and Knives: Learning Medical Dispassion in Early Modern England*, Ashgate, 2007

Stephen Lewis, 'A pathological misunderstanding', *Wellcome History*, 46, 2011

John Hunter, 'Observations on the structure and œconomy of whales', *Philosophical Transactions of the Royal Society*, 1787/1840

Mark Gardiner, 'The Exploitation of Sea-Mammals in Medieval England: Bones and their Social Context', *Archaeology Journal*, Vol 154, 1997

Ian Riddler, 'The Archeology of the Anglo-Saxon Whale', *The Maritime World of the Anglo-Saxons*, ISAS Monographs, New York, 2013

Salisbury Journal, 21 May 1770

Annual Register, or, A View of the History, Politicks, and Literature, of the Year 1798

Hampshire Chronicle, 9 September 1798

E.J. Slijper, *Whales*, Hutchinson, 1962

Klaus Barthelmess, Ingvar Svanberg, 'Linnæus' Whale', www.idehist.uu.se

J.F. Palmer, *The Works of John Hunter*, Longman, 1837

'The Gunter estate', *Survey of London: Kensington Square to Earl's Court*, 1986, www.british-history.ac.uk

Rob Deaville to the author, 31 October 2011 & 7 December 2012

第四章 蔚蓝之海

'Charles B. Cory', Wikipedia.org

Jim Enticott, David Tipling, *Seabirds of the World*, New Holland, 2002

José P. Granadeiro, Luis R. Monteiro, Robert W. Furness, 'Diet and feeding ecology of Cory's shearwater', *Marine Ecology Progress Series*, Vol 166, 1998

A.R. Martin, 'Feeding association between dolphins and shearwaters around the Azores Islands', *Canadian Journal of Zoology*, 1986, 64: (6)

E.J. Belda, A. Sánchez, 'Seabird mortality on longline fisheries in the western Mediterranean', SEO/Birdlife, Madrid, Spain, *Biological Conservation* 8, 2001,

Daniel D. Roby, Jan R.E. Taylor, Allen R. Place, 'Significance of stomach oil for reproduction in seabirds', *The Auk*, October 1997

Brett Westwood, Stephen Moss, Chris Watson, 'A Guide to Coastal Birds', BBC Radio 4, 29 August 2010

Hal Whitehead, Peter T. Madsen, Shane Gero, et al., 'Sperm Whales', *Journal of the American Cetacean Society*, Spring 2012, Vol 41, No 1

Thomas I. White, *In Defense of Dolphins*, Blackwell, 2007

Andy Coghlan, 'Whales boast the brain cells that "make us human"', *New Scientist*, 27 November 2006

Hal Whitehead, 'Sperm Whales', *Dominion: A Whale Festival*, Peninsula Arts, Plymouth University, 19 February 2011

Kirsten Thomas, C. Scott Baker, Anton van Helden, Selina Patel, Craig Millar, Rochelle Constantine, 'The world's rarest whale', *Current Biology*, Vol 22, No. 21

Patricia Arranz, Natacha Aguilar de Soto, Peter T. Madsen, Alberto Brito, Fernando Bodes, Mark P. Johnson, 'Following a Foraging Fish-Finder: Diel Habitat Use of Blainville's Beaked Whales Revealed by Echolocation', 7 December 2011, *PLoS One* 6 (12)

Patrick Moore, Lewis Dartnell, *The Sky at Night*, BBC 4, 8 November 2011 & 12 January 2012

'Pico Island, Azores', marineconnection.org

Dr Antonio Fernandez et al., 'Gas and Fat Embolic Syndrome Involving a Mass Stranding of Beaked Whales (Family *Ziphiidae*) Exposed to Anthropogenic Sonar Signals', *Veterinary Pathology*, 42, 2005

Andreas Fahlman, P.H. Kvadsheim, et al., 'Estimated tissue and blood N2 levels and risk of decompression sickness in deep-, intermediate- and shallow-diving toothed whales during exposure to naval sonar', *Frontiers in Aquatic Physiology*, 3:125, 2012

Giuseppe Notarbartolo di Sciara, Alexandros Frantzis, Luke Rendell, 'Sperm Whales: Mediterranean Sperm Whale', *Journal of the American Cetacean Society*, op. cit.

John Pierce Wise Sr, Roger Payne, Sandra S. Wise, Carolyne LaCerte, James Wise, Christy Gianios Jr, W. Douglas Thompson, Christopher Perkins, Tongzhang Zheng, Cairong Zhu, Lucille Benedict, Iain Kerr, 'A global assessment of chromium pollution using sperm whales (*Physeter macrocephalus*) as an indicator species', *Chemosphere*, 75, 2009

Roger Payne to the author, Wellington, 14 March 2010

Sandro Mazzariol, et al., 'Sometimes Sperm Whales (Physeter macrocephalus) Cannot Find Their Way Back to the High Seas: A Multidisciplinary Study on a Mass Stranding', *PLoS One*, May 2011, Vol 6, Issue 5

'Crittervision: The world as animals see (and sniff) it', *New Scientist*, 20 August 2011

M. Klinowska, 'Cetacean live strandings relate to geomagnetic disturbance', *Aquatic Mammals* Vol 11 (1), 1985

Simon Woodings, 'A Plausible Physical Cause for Strandings', Bsc thesis, University of Western Australia, 1995

'197 beached pilot whales die', *The Independent*, 22 February 2011

'Rescuers save 22 melon-headed whales', UPI report, 6 March 2011

Karin Hartman to the author, Pico, 8 July 2011

Hal Whitehead to the author, Plymouth, 19 February 2011

Hal Whitehead, 'Sperm Whales: Capture Me', *Journal of the American Cetacean Society*, op. cit.

Hal Whitehead, *Sperm Whales: Social Evolution in the Ocean*, University of Chicago Press, 2005

Hal Whitehead, Ricardo Antunes, Shane Gero, S.N.P. Wong, D. Engelhaupt, Luke Rendell, 'Multilevel societies of female sperm whales (*Physeter macrocephalus*) in the Atlantic and Pacific: why are they so different?' *International Journal of Primatology*, Vol 33, No 5, 2012

第五章　偶遇之海

David K. Caldwell, Melba C. Caldwell, Dale W. Rice, 'Behaviour of the Sperm Whale, *Physeter catodon* L.', Kenneth S. Norris, *Whales, Dolphins, and Porpoises: Proceedings of the First International Symposium on Cetacean Research, Washington, DC, August 1963*, University of California Press/Cambridge University Press, 1966

Asha de Vos, 'The Sri Lankan Blue Whale Project', whalessrilanka. blogspot.co.uk

Asha de Vos to the author, Weligama, 7 February 2011

Pliny, *Natural History* VI, livingheritage.com/taprobane

Yulia V. Ivashchenko, Phillip Clapham, Robert L. Brownell, Jr, 'Soviet illegal whaling: the Devil and the details', *Marine Fisheries Review*, 73 (3), 2011

'Valentine Orilokova, World's Most Beautiful Captain of a Ship', beautifulrus.com

'The Rebirth of Anaïs Nin's Writing Philosophy', anaisninblog. sybluepress.com

D. Graham Burnett, *Sounding the Whale: Science and Cetaceans in the Twentieth Century*, University of Chicago Press, 2012

'Count de Mauny' www.rootsweb.ancestry.com

Christopher Ondaatje, 'Count de Mauny Island', *The Nation*, www.nation.lk

Tim Street-Porter, 'History of the Island', www.taprobaneisland.com

'Count de Mauny', www.rootsweb.ancestry.com

James S. Romm, *The Edges of the Earth in Ancient Thought: Geography, Exploration, and Fiction*, Princeton University Press, 1992

Sewyn Chomet, Joe Duncan, 'Count de Mauny', www.oscholars. com

Christopher Sawyer-Laucanno, *An Invisible Spectator: A Biography of Paul Bowles*, Bloomsbury, 1989

Paul Bowles, 'How to to live on a part-time island,' *Holiday*, March 1957, www.paulbowles.org

Paul Bowles, 'An Island of My Own', www.taprobaneisland.com

Millicent Dillon, *A Little Original Sin: The Life and Work of Jane Bowles*, Virago, 1988

Richard Hill, 'Taprobane', www.robertehill.co.uk/taprobane

Arthur C. Clarke, BBC *Horizon*, 1964, youtube.com

Juan Pablo Gallo-Reynoso, Janitzo Égido-Villarreal, Guadolupe Martínez-Villalba, 'Reaction of fin whales *Balaenoptera physalus* to an earthquake', *Bioacoustics*, 20, 2011

第六章　南方之海

Convict records, Archive Office of Tasmania, CON 31/1/33

Margaret Spence, *Hampshire and Australia, 1783–1791: Crime and Transportation*, Hampshire Record Office, 1992

Robert Hughes, *The Fatal Shore*, Pan Books, 1988

'Convict Ships', *The Times*, 23 August 1846

'Convict Ships', www.jenwillets.com

Jorgen Jorgensen, James Francis Hogan, *The Convict King*, University of Sydney pdf

'The Artists on James Cook's Expeditions', Rudiger Joppien, *James Cook and the Exploration of the Pacific*, Thames & Hudson, 2009

Popular Science Monthly, September 1892, Vol 41, No 42

Hadoram Shirihai, Brett Jarrett, *Whales, Dolphins and Seals: A Field Guide to the Marine Mammals of the World*, A. & C. Black, 2006

George Shelvocke, *A Voyage Round the World by Way of the Great South Sea*, Senex, Longman, &c, 1726

Niels C. Rattenbourg, 'Do birds sleep in flight?', *Naturwissenschaften*, 2006, Vol 93, No 9

Gabrielle A. Nevitt, Francesco Bonadonna, 'Sensitivity to dimethyl sulphide suggests a mechanism for olfactory navigation by seabirds' *Biology Letters*, 22 September 2005; 1(3)

John P. Croxall, Stuart M. Butchart, Ben Lascelles, Alison J. Stattersfield, Ben Sullivan, Andy Symes, Phil Taylor, 'Seabird conservation status, threats and priority actions: a global assessment', *Bird Conservation International* (2012) 22

Reverend John West, *History of Tasmania*, H. Dowling, 1850

Uncle Max Dulumumun Harrison, *Singing Up the Whales*, film, Peter McConchie, 2012

Vivienne Rae-Ellis, *Trucanini: Queen or Traitor*, Australian Institute of Aboriginal Studies, 1981

'Truganini', www.brunyisland.com/truganini

N.J.B. Plomley, *Friendly Mission: The Tasmanian Journals and Papers of George Augustus Robinson, 1829–1834*, Tasmanian Historical Research Association, Quintus, 2008

Michael Desmond, 'Black and White History', *Portrait 32, Magazine of Australian & International Portraiture*, June–August 2009

The Saturday Magazine, 16 February 1833, www.jenwilletts.com/isaac_scott_nind

Charles Manning Clark, Hilary Franklin to Angela Barrett, 15 December 1994

'A Royal Lady – Trucaminni', *The Times*, 6 July 1876

Lyndall Ryan, Neil Smith, 'Trugernanner', *Australian Dictionary of Biography*, National Centre of Biography, Australian National University

W.E.L.H. Crowther, 'Crowther, William Lodewyk', *Australian Dictionary of Biography*, National Centre of Biography, Australian National University

Helen MacDonald, 'The Bone Collectors', *New Literatures Review*, 42, October 2004

Helen MacDonald, *Possessing the Dead: The Artful Science of Anatomy*, Melbourne University Press, 2010

Susan Lawrence, *Whalers and Free Men: Life on Tasmania's Colonial Whaling Stations*, Australian Scholarly Publishing, 2006

The Times, 29 May 1869

The Sydney Gazette and New South Wales Advertiser, 21 April 1805

David S. Macmillan, 'Paterson, William', *Australian Dictionary of Biography*, National Centre of Biography, Australian National University

S. McOrist, A.C. Kitchenor, D.L. Obendorf, 'Skin Lesions in Two Preserved Thylacines: *Thylacinus Cynocephalus*', *Australian Mammal Society*, August 1993, Vo1 16, Part I

Barbara Hamilton-Arnold, *Letters and Papers of G.P. Harris 1803–1812*, 1994, *Imagining the Thylacine: From Trap to Laboratory*, University of Tasmania, www.utas.edu.au

Georges Cuvier, *The Animal Kingdom*, 1827, Joseph Milligan, *Remarks upon the Habits of Wombats*, 1853, cited Dr R. Paddle, *The Last Tasmanian Tiger*, Cambridge University Press, 2000

David Bressan, 'The Last Thylacine', Scientific American blog

Cameron R. Campbell, 'The Thylacine Museum', www.naturalworlds.org/thylacine

Appendices I, II, III, www.cites.org

Bernard Heuvlemans, *On the Track of Unknown Animals*, Hart-Davis, 1958

Hobart *Mercury*, 18 August 1961

Thylacinus Cynocephalus, www.iucnredlist.org

Tim Hilton, *John Ruskin*, Nota Bene/Yale, 2002

Keith Williams, 'Thomas Henry Huxley', *Wellcome History*, Issue 49, Spring 2012

Buck Embey, Jane Oehle Embey, *Thylacine Sightings 1970–1990 in Areas of North Eastern Tasmania Adjacent to the Panama Forest*, July 1990/Jan 2001, Oxford Museum of Natural History collection

Dr Stuart Sleightholme to the author, 2 March 2012

Anthony Hoy, 'Eye on the tiger', Dean Howie's Yowie Research, website

第七章　漫游之海

Simon Winchester, *Atlantic: A Vast Ocean of a Million Stories*, HarperPress, 2011

World Register of Marine Species, 15 November 2012, www.marinespecies.org

Anthony Alpers, *A Book of Dolphins*, Jonathan Cape, 1960

T.W. Downes, 'Pelorus Jack, Tuhi-rangi', *Journal of the Polynesian Society*, Vol 23, No. 91, 1914

Brian Fagan, *Beyond the Blue Horizon*, Bloomsbury, 2012

Bernd Brunner, *Bears: A Brief History*, Yale, 2007

Anglo-Saxon Verse, 'The Seafarer'

Charles Kingsley, *The Children's Hereward*, Harrap, 1959

Jonathan Raban, *Passage to Juneau: A Sea and its Meanings*, Vintage, 2000

Hilary Stewart, *Looking at Indian Art of the Northwest Coast*, Douglas & McIntyre, 1979

'Whales in Māori tradition' *Te Ara: The Encyclopaedia of New Zealand*, www.teara.govt.nz

Transactions and Proceedings of the Royal Society of New Zealand, Vol 5, 1872

Gray Chapman, 'The Day the Whales Died', www.wainuibeach.co.nz

Witi Ihimaera to the author, 16 January 2012

Witi Ihimaera, 'World Service Book Club', BBC World Service, 8 January 2012

B.J. Marlow and J.E. King, 'Sea Lions and Fur Seals of Australia and New Zealand: The Growth of Knowledge', *Australian Mammal Society*, October 1974

'Fyffe House' www.historicplaces.org.nz

Atholl Anderson, 'On Evidence for Survival of Moa in European Fiordland', *New Zealand Journal of Ecology*, Vol 12, Supplement, 1989

Errol Fuller, *Extinct Birds*, Viking/Rainbird, London, 1987

David Bressan, 'Ka ngaro i te ngaro a te Moa', 2011, blogs.scientificamerican.com

Nicola Brown, 'What the Alligator Didn't Know: Natural Selection and Love in *Our Mutual Friend*', *Interdisciplinary Studies in the Long Nineteenth Century*, No 10, 2010, www.19.bbk.ac.uk

Roy Mackal, *Searching for Hidden Animals*, Doubleday, 1980

'Birdman says moa surviving in the bay', 5 January 2008, www.hawkesbaytoday.co.nz

Daniel Cressy, 'Life thrives in ocean canyon', *Nature*, 27 April 2010

Jon Ablett to the author, Natural History Museum, 2 September 2011

Mike Donoghue to the author, Kaikoura, 18 March 2010

Alastair Judkins to the author, Kaikoura, 18 March 2010

International Union for Conservation of Nature Red List, *Diomedea epomophra*, www.iucnredlist.org

'Sperm whale-watching' review August 2012, www.doc.govt.nz

'Whale-watching in danger', www.royalsociety.org.nz

Kauahi Ngapora to the author, Kaikoura, 9 March 2010

第八章　静默之海

Greg Dening, *Islands and Beaches*, University Press of Hawaii, 1980

Elsdon Best, *The Māori as he was: A Brief Account of Life as it was in Pre-European Days*, Dominion Museum, Wellington, 1934

Johannes C. Andersen, 'New Zealand Bird-song; Further Notes', *Transactions and Proceedings of the Royal Society of New Zealand, 1868–1961*, Vol 47

Brenda M. White, 'Traill, Thomas Stewart', *Oxford Dictionary of National Biography*, OUP, 2004

Thomas Traill, *Memoir of William Roscoe*, Smith, Watts, 1853

C.F.A. Marmoy, 'The "Auto-Icon" of Jeremy Bentham at University College, London', Thane Library of Medical Sciences, UCL

Jeremy Bentham, *An Introduction to the Principles of Morals and Legislation*, 1789, Pickering, 1823

William Scoresby, *Account of the Arctic Regions*, The Religious Tract Society, 1851

William Scoresby, *A Journal of a Voyage to the Northern Whale-Fishery*, Constable, 1823

Journal of Natural Philosophy, Chemistry, and the Arts, February 1809

George Lillie Craik, *The New Zealanders*, Society for the Diffusion of Useful Knowledge, 1830

John Savage, *Some Account of New Zealand*, 1807, Hocken Library, 1966

Stephen Oliver, 'Te Pehi Kupe', *Dictionary of New Zealand Biography, Te Ara: The Encyclopaedia of New Zealand*

Geoffrey Sanborn, 'Whence Come You, Queequeg?' *American Literature*, Vol 77, No 2, June 2005, Duke University Press

Peter B. Maling, 'Langlois, Jean-François', *Dictionary of New Zealand Biography, Te Ara: The Encyclopaedia of New Zealand*

Derex Cox to the author, Akaroa, 16 March 2010

Dr Barbara Maas, 'The Catch with New Zealand's Dolphins', World Whale Conference speech, Brighton, 26 October 2012

Alan N. Baker, Adam N.H. Smith, Franz B. Pichler, 'Geographical variation in Hector's dolphin: recognition of new subspecies of *Cephalorhynchus hectori*', *Journal of the Royal Society of New Zealand*, Vol 32, No 4

第九章　内心之海

Richard Jefferies, *The Story of My Heart*, 1883

David Rothenberg, *Thousand Mile Song*, Basic Books, 2008

Brewer's, op. cit.; Magnus, op. cit.

Gilbert White, Letter XIII, *Natural History of Selborne*, T. Bensley, 1789

Ted Hughes, 'Work and Play', *Collected Works*, Faber, 2005

Steve Connor, 'Pole to pole: the extraordinary migration of the arctic tern', *The Independent*, 12 January 2010